电流辅助金属塑性成形理论和技术基础

主　编　李大龙　韩　毅　黄华贵

副主编　孙静娜　邸　鑫　刘周同

燕山大学出版社

·秦皇岛·

图书在版编目（CIP）数据

电流辅助金属塑性成形理论和技术基础 / 李大龙，韩毅，黄华贵主编. —秦皇岛：燕山大学出版社，2024.5

ISBN 978-7-5761-0673-2

I. ①电… II. ①李…②韩…③黄… III. ①金属压力加工－塑性变形 IV. ①TG301

中国国家版本馆 CIP 数据核字（2024）第 086747 号

电流辅助金属塑性成形理论和技术基础

DIANLIU FUZHU JINSHU SUXING CHENGXING LILUN HE JISHU JICHU

李大龙 韩 毅 黄华贵 主编

出 版 人： 陈 玉			
责任编辑： 朱红波		**策划编辑：** 朱红波	
责任印制： 吴 波		**封面设计：** 刘韦希	
出版发行： 燕山大学出版社 YANSHAN UNIVERSITY PRESS		**电　　话：** 0335-8387555	
地　　址： 河北省秦皇岛市河北大街西段 438 号		**邮政编码：** 066004	
印　　刷： 涿州市般润文化传播有限公司		**经　　销：** 全国新华书店	

开　　本： 787mm×1092mm　1/16	**印　　张：** 11.75
版　　次： 2024 年 5 月第 1 版	**印　　次：** 2024 年 5 月第 1 次印刷
书　　号： ISBN 978-7-5761-0673-2	**字　　数：** 214 千字
定　　价： 48.00 元	

前　言

电流所导致的金属在塑性变形过程中变形抗力下降、延伸率增加的现象称为金属的电塑性效应。利用电塑性效应可大幅度地降低金属的加工硬化速率，减免常规塑性加工工艺中必须采用的软化退火、酸洗等工序，改善产品表面质量，提高成材率，电塑性效应有望在轧制、辊压、冷拔等金属的塑性加工中得到广泛的应用。但是，迄今为止人们对于金属电塑性效应的作用机理还不十分清楚，电塑性加工过程的理论分析和计算已经成为该技术推广的瓶颈。目前，国内外许多学者都在对金属的电塑性效应进行深入的研究，一旦能够在生产中应用电塑性效应，必将大大提高生产效率，降低生产成本，提高产品质量，这对于工业生产意义重大。因此，开展这方面的探索性工作对于加深对电塑性效应的认识，促进相关工艺技术的发展和有效应用有着很强的理论意义。

本书的作者李大龙、韩毅、黄华贵和孙静娜为燕山大学机械工程学院在职教师。近年来，本书作者在河北省教育厅重点项目“电塑性效应理论及应用基础研究”（ZH2007111）、国家自然科学基金区域创新发展联合基金重点支持项目“镁合金自加热挤压与电塑性轧制成形微观组织性能调控机制”（U20A20230）、国家自然科学基金面上项目“Cu/Al 复合带固-液铸轧电流强化复合成形技术基础研究”（51474189）、秦皇岛市市级科学技术研究与发展计划项目“电塑性拔丝技术的研究”（201302A219）等项目的资助下，较为系统地开展了金属电塑性效应机理、金属电塑性效应的工程应用以及电塑性对金属微观组织和性能调控方面的研究工作。本书正是在这些工作的基础上经整理和扩充写成的。

本书多角度、多尺度系统地研究了电塑性效应的产生机理，从位错滑移动力学、自由电子理论和量子理论三个方面深入研究电流导致金属流动应力降低的机理问题。以定向漂移的电子引起金属位错滑移所需激活能发生变化为出发点，研究定向漂移的电子与位错之间的能量交换量。基于位错热激活滑移速率公式，推导了电流作用下金属应变速率变化量的理论计算公式，得出了电流导致金属流动应力降低现象的本质为电流对金属的应变速率产生了影响的论断。利用实验数据回归了金属铜丝无电拉伸条件下的塑性变形过程的本构方程，综合考虑电流对该方程中应变速率和温度的影响，得出了金属铜丝电塑性拉伸条件下流动应力的理论计算公式，依据理论计算公式分析得出了电塑性效应中电流参数和物理参数对金属流动应力的影响规律。为了验证理论推导结果的准确性，进行了金属丝材的电塑性拉伸实验，将实验结果与理论计算结果进行了对比分析。

在电塑性效应机理研究的基础上，对镁合金电塑性轧制成形微观组织性能调控机制、电流强化复合成形技术和金属丝材电塑性拉拔成形过程进行了研究，得出了电塑性成形过程中电流对金属物理属性的影响规律。本书的研究结果不仅为定量地分析电塑性效应中金属的流动应力提供了方法，而且为电塑性效应的工程应用奠定了理论基础。

本书的第一章、第二章和第五章由李大龙编写，第三章和第四章由韩毅编写，第七章由黄华贵编写，第八章由孙静娜编写，第九章由邸鑫编写，第六章由刘周同编写。

在开展以上研究工作中，作者得到了燕山大学机械工程学院于恩林教授的大力支持和帮助，在此特向他表示诚挚的谢意。

向本书中所有参考文献的作者表示感谢。

本书的出版获得燕山大学出版社的大力帮助，在此表示感谢。

限于时间和水平，本书内容难免存在不足之处，诚挚恳请广大读者批评指正。

目　录

第1章 绪 论

金属的电塑性效应是指在金属塑性变形过程中向其塑性变形区通电所导致的金属变形抗力急剧下降、塑性明显提高的现象[1]。利用电塑性效应不仅可降低金属的变形抗力，大幅度增加材料成形极限，而且电塑性效应的产生还使得金属中残余应力显著下降，可减免常规塑性加工过程中的退火过程，因此电塑性效应加工技术可以被用来作为一种消除残余应力、提高工件质量的新工艺[2]。

目前，人们在很多材料中都发现了电塑性效应，电塑性在以下几个方面有较好的应用前景[3-4]：

（1）与传统加工方法相比较，采用电塑性加工技术，单道次加工过程可提高金属塑性延伸率 15%～20%，多道次的加工极限塑性可达 400%～500%。因此，金属的电塑性加工技术可减少甚至免除中间退火过程，优化生产工艺，大大提高生产率。特别适用于管材、板材、丝材等金属型材的薄壁或小截面半成品，以及薄壁零件的塑性成形过程。

（2）电塑性效应能减弱织构的发展，改善金属材料的质量和组织状态，形成有利的应力应变状态。通常在不降低塑性的情况下，可提高结构强度 5%～10%。因此电塑性加工技术可改善产品的质量和性能，显著提高机器零件特别是要求高疲劳抗力的零件和工具的使用寿命，所以电塑性技术也可以用于金属的强化处理过程。

（3）电塑性效应可使得金属塑性加工中的残余应力显著下降，因此可在消除零件的局部应力、防止变形和提高产品精度的工艺过程中得到广泛的应用。

（4）电塑性效应可用于各种导电类材料的拉拔、轧制和冲压等塑性加工生产中，特别适用于难成形或低塑性材料（如高弹性合金、高熔点金属、导电陶瓷、金属间化合物、粉末冶金材料等）的塑性成形过程。

虽然目前金属的电塑性加工技术已取得较好的实验研究成果，但人们对电塑性效应作用机理的研究一直处在探索之中，迄今为止尚未找到令人满意的研究结果[5-6]。其中比较关键的问题是电流在材料中产生电塑性效应的机理和电塑性效应中材料的各塑性相关量（变形抗力、延伸率等）的理论计算方法。金属电塑性效应理论研究的滞后已经在很大程度上限制了其工程应用的进一步发展，因此，开展电塑性效应理论的研究工作对于加深电塑性的认识、促进相关工艺技术的发展和有效应用有着十分重要的意义。

1.1 金属电塑性效应的研究进展

早在 19 世纪中期，M. Geradin 就观察到了电流驱动 Pb-Sn 和 Hg-Na 熔融合金中原子运动的现象[7]。此后，V. B. Fisk 和 H. B. Huntington 分别在 1959 年和 1961 年提出了原子的电子风驱动力概念[8]。1963 年苏联学者 Troitskii 和 Lichtman 在做表面活化剂研究时发现了金属的电塑性效应[9-10]，他们在单向拉伸长度为 16 mm、直径为 1 mm 的 Zn 单晶体实验中发现，当电子沿晶体滑移方向照射时，Zn 试样的应变硬化率降低，极限伸长量增大，塑性显著提高。而当加速电子垂直晶体滑移方向照射时，变形抗力降低，极限伸长量减小。实验结果如图 1-1 所示[10]。

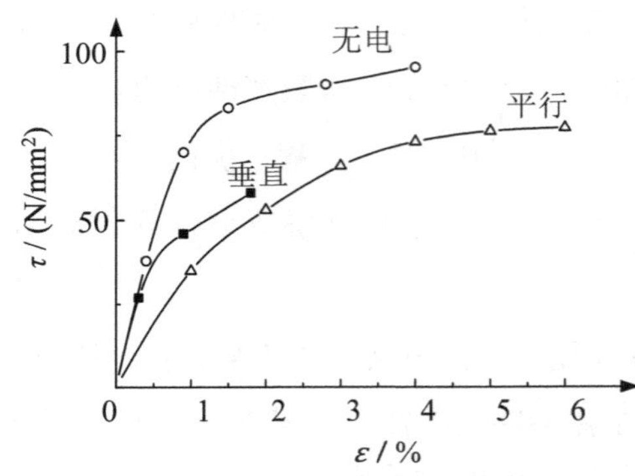

图 1-1　Zn 单晶体在电子照射下单向拉伸实验结果

为了获得更为明显的电塑性效应，Troitskii 等人将高密度脉冲电流施加到金属单晶体线材的拉伸过程中，研究电流对金属变形抗力和延伸量影响，图 1-2 为 Zn 单晶体在液氮温度下轴向拉伸时变形抗力的变化曲线[11]。实验中向试样中通入电流密度为 0.5×10^3～1.5×10^3 A/mm^2、脉冲宽度约为 10^{-4} s、脉冲频率为 0.4 Hz 的脉冲电流。由于采用了这种间断的电流形式，且实验是在相对较低的温度下进行的，这使得在整个实验过程中拉伸试样没有明显的温升现象。在拉伸过程中他们针对三个不同的阶段，即弹性变形区、塑性变形区（*A* 区）和应力松弛区（*B* 区）通入脉冲电流。实验结果表明，脉冲电流对 Zn 单晶体的弹性变形区无影响，与无电拉伸时的弹性变形曲线形式是相同的；在应力松弛区（*B* 区），脉冲电流对拉伸曲线也无明显的影响，曲线较为平滑；电流对拉伸曲线的影响在塑性变形区（*A* 区）特别明显，主要表现为变形抗力随每一次脉冲电流的通入迅速下降，无电流作用时又迅速地回弹，而且电压值越高，变形抗力的下降值也越大。

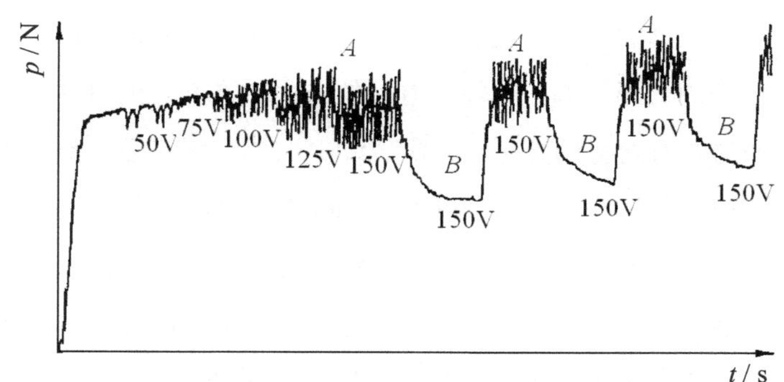

图 1-2　Zn 单晶体在液氮温度下拉伸载荷变化

为了验证金属的电塑性效应，Troitskii 等人[12-13]还对金属多晶体 Zn、Pb、Sn、In、Cd 等的带电拉伸过程进行了实验研究。研究结果表明，这些金属多晶体同样存在着电塑性效应，即拉伸力随着脉冲电流的作用迅速下降，而且当电参数相同时，金属多晶体与单晶体的拉伸力下降值大致相同。

现有的研究结果表明，脉冲电流对金属塑性的影响不仅反映在金属的流动应力上，同样存在于应力松弛、蠕变、位错的产生和迁移、脆性断裂和疲劳等与变形有关的各种物理过程中[14-17]。如在 78 K 的温度下，向 Zn、Pb 和 Cd 的晶体上施加脉冲电流（电流密度 400 A/mm^2、频率 100 Hz、脉冲电流宽度 65 μs）可明显加快它们的应力松弛速度，并且应力松弛前的应力值越大，加电和不加电时应力松弛速度差异也越明显。实验结果还表明，当所加电流与拉伸方向相反时，应力松弛的速度会有更大的增加。同样在 78 K 的温度下，Troitskii[18]研究了电流对 Zn 晶体蠕变过程的影响。他向处在蠕变过程的 Zn 晶体中通入电流密度为 200～250 A/mm^2、宽度为 30～240 μs、频率为 100 Hz 的脉冲电流。实验结果表明，直流脉冲电流明显提高了材料的蠕变速度，蠕变速度的增加幅度随着脉冲宽度的增加而增加，当脉冲宽度增大到 110～150 μs 时达到最大值。在研究电流对材料疲劳性能影响的实验中科研人员发现[19]，电流密度为 10^3 A/mm^2、脉宽为 100 μs、频率为 0.2 Hz 的脉冲电流，能使处在交变负载下的 Zn 晶体的屈服应力显著提高。当试样处于 78 K 的温度环境时，向处在循环应力作用下的多晶体 Cu 施加电流密度为 10^4 A/mm^2、脉冲宽度为 100 μs、频率为 2 Hz 的脉冲电流可使其疲劳寿命提高 4～8 倍。此外，科研人员还发现电流对金属材料内部裂纹的增殖也会产生影响[20-22]，向处在拉伸状态下的金属通入电流密度为 10^3 A/mm^2、宽度为 100 μs 的脉冲电流时，会出现裂纹扩展被阻碍的现象。实验结果表明，裂纹的生长与电流密度和通电开始时刻有关。通过利用微观显微镜观察，位于被阻碍的裂纹尖端有一个火口，即一个椭圆形的洞，主轴沿着裂纹长大的方向。火口的大小与脉冲电流参数有关。火口的边缘有熔化的痕迹，表明裂纹尖端的温度曾经升高到 1500 ℃以上。

1978 年，美国北卡罗来纳州立大学的 Conrad 教授及其合作者也开始对电塑性效应进行研究[23-25]。他们采用较为细致的实验手段，针对 Al、Cu、Fe、W、Ti 的丝材做了相同的拉伸实验，尽可能地从脉冲电流引起的流动应力降低中排除了各种电塑性副效应的影响，其研究结果表明了纯电塑性效应对金属变形抗力的影响大小，为电塑性效应的理论研究奠定了实验基础，实验过程如图 1-3 所示[26-28]。

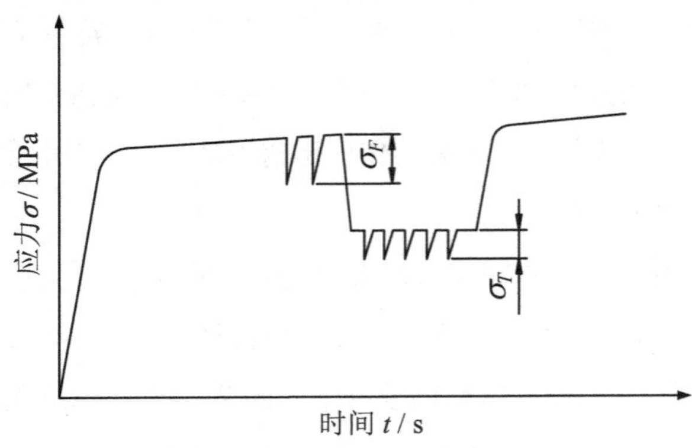

图 1-3　电塑性拉伸实验示意图

先以恒定的应变速率（$1.7\times10^{-4}\ s^{-1}$），将丝材拉伸到塑性阶段（塑性应变量为 0.8%，此时的流动应力值为σ ），然后向丝材通入单脉冲电流（脉冲宽度 60 μs、电流密度 5500 A/mm²），测得丝材变形抗力的降低值为σ_F，σ_F包含所有的电效应引起的应力下降，即电塑性副效应和纯电塑性效应共同作用的结果。然后卸载，使得丝材中仅存在长程内应力，这时试样的塑性变形过程停止，即试样中没有发生位错滑移，再次通入相同的单脉冲电流，测得丝材抗力的降低值为σ_T，此时σ_T不包含电子与位错的相互作用对应力的影响，即不包含纯电塑性效应对应力的影响。由于此时的其他实验条件与试样发生塑性变形时是相同的，所以电流对金属应力产生影响的其他因素如电热效应、磁压缩效应、磁致伸缩效应等对σ_F和σ_T的影响是相同的。在上述实验中，应力降低值σ_F是纯电塑性效应和电塑性副效应共同作用的结果，由于电塑性效应对弹性变形阶段无影响，因此应力降低值σ_T仅为电塑性副效应作用的结果。针对 Al、Cu、

Fe、W、Ti 的丝材做了相同的实验，实验结果表明，钨的 σ_F/σ 值最小仅为 1%，Al 最大为 36%，其他金属的 σ_F/σ 值介于两者之间。

Conrad 教授认为电流对金属流动应力的影响源于定向漂流的电子对位错滑移过程产生作用的结果[29]，因此他重点研究了电流作用下 Zn 晶体的位错运动情况。他们在显微镜下观察了 Zn 单晶体中（1122）<1123>方向的位错在电流密度为 7500 A/mm^2、脉宽为 200 μs 的脉冲电流作用下的运动情况。结果显示，晶体内自由电子的定向运动改善了（1122）<1123>方向上位错滑移的过程，增加了位错滑移的速度，而且这一现象与自由电子的运动方向有关，当电子运动的方向与位错运动方向相同时，位错运动速度的增加较相反时更加明显。实验结果还表明，位错滑移速率的增加幅度与电流密度成正比关系。

科研人员还设计了另一个有关电子对位错滑移过程产生影响的实验[29]，他们将直径为 20 mm 的 Cu 球和 W 球夹在两块平行的平板之间（如图 1-4 所示），实验中从上至下向金属球中通入 5～30 A 的电流，然后施加压力使金属球和平板接触处发生塑性变形。由对称结构可知，在金属球与平板的两个接触区域内位错运动的方向是相反的，而电子运动（即电流的方向）是相同的。实验结果表明这两个区域的塑性变形量出现一定的差异，Conrad 等人认为这是由于电子定向漂移对位错滑移过程产生了影响。但是对于不同金属，其变形结果并不相同，如图 1-5 所示，电流使得 Cu 球上方的塑性变形量大于下方，而 W 球则正好相反（图中，纵坐标为球上方和平板接触面积与球下方和平板接触面积之差）。

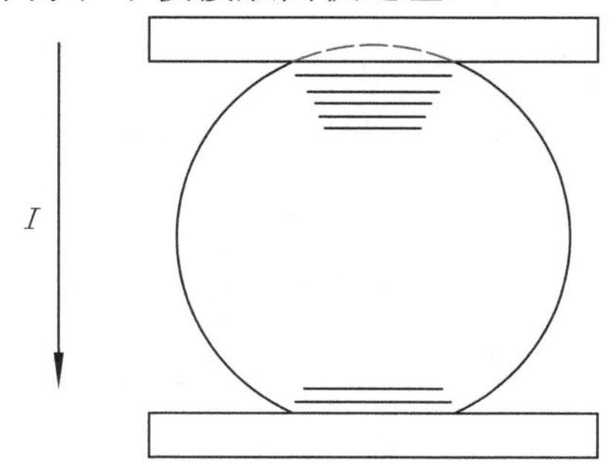

图 1-4　电塑性极性实验装置示意图

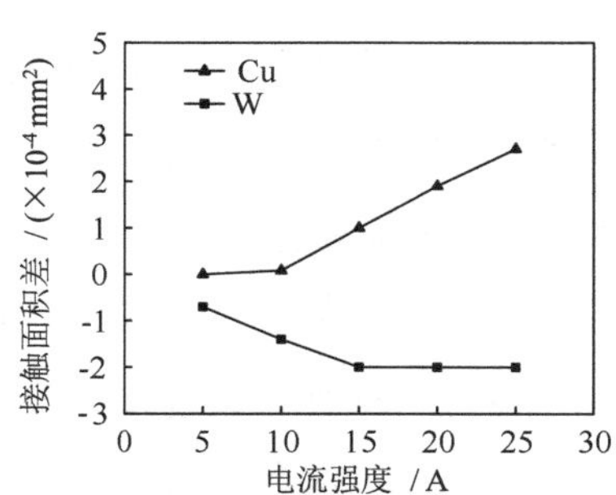

图 1-5　接触面积差与电流强度的关系

Conrad 等人还研究了脉冲电流对金属超塑性的影响[30-32]，实验结果表明，电的存在可以改善金属的动态回复和再结晶过程，促进金属超塑性变形过程中扩散蠕变的发生，因此可以提高金属的超塑性变形能力。通过研究电流对合金凝固组织的影响，

Conrad 等人发现高密度脉冲电流和外加电场都可以增加过冷度并且使得共晶的晶粒度降低一个数量级，而且凝固组织的晶粒度随脉冲电流密度的增大而减小[33-35]。这可能是由于脉冲电流使得过冷度增加，影响了凝固过程的成核率，进而导致了凝固组织的细化。在研究电流对金属疲劳性能影响的实验中，Conrad 等人发现电流密度为 10^4 A/mm^2、脉冲宽度为 100 μs、频率为 2 Hz 的脉冲电流可使 Cu 多晶体的疲劳寿命加大 2～3 倍；通过光学显微镜观察发现脉冲电流的作用使得沿晶断裂的数量减少，穿晶断裂的数量增加；通过 TEM 观察发现脉冲电流的作用使得位错墙和位错胞中的位错密度减少[36]。

此外，巴西学者 Silveira[37]研究了低密度电流对金属应力松弛的影响，研究发现电流可加快金属应力松弛的速度，相对而言，直流电比交流电的作用更加明显；德国学者 Martin[38]研究了电热效应对材料蠕变的影响，研究结果表明，电热效应较其他常规加热方法可明显提高材料蠕变的速度，Martin 认为这是由于定向漂流电子会促使位错运动的结果。

近年来，各国学者普遍将金属的电塑性效应应用到了难成形的金属塑性加工过程中[39-44]，研究发现，电流改善了这些难成形金属的塑性变形过程，且对变形后金属的组织产生了一定的影响。

从 20 世纪末期开始，人们较为深入地认识到了电塑性效应的存在和工程应用前景，很多学者也都参与到了此项课题的研究当中。我国在这一领域研究起步较晚，大体上是从 20 世纪 90 年代开始的。在 1996 年的中国材料研讨会上，周本濂[45]教授指出在材料加工及制备过程中采用脉冲电流对材料进行处理的方法是探索和发展具有新性能和新结构材料的重要手段，是制备或处理材料以提高材料性能的新技术。1997 年，清华大学的郑明新[3]教授发表了题为《电塑性效应及其应用》的论文。此后，我国学者开始对金属的电塑性效应进行了广泛的研究。郑明新[46]、唐国翌[47-49]和姚可夫[50-51]等人研究了金属的电塑性技术及其工程应用。刘志义[52-53]、李尧[54-55]、李淼泉[56-57]、刘渤然[58-59]等人系统地研究了电流对金属超塑性的影响。这些研究结果表明，在电的作用下，具有超塑性变形能力的金属可在相对较低的温度下，以较大的应变速率实现超塑性变形。研究认为，这一现象的产生是由于电子的定向漂移对位错的滑移过程产生了某种促进作用，同时电流或电场的存在也影响了金属中空穴的产生和迁移，抑制了空洞的长大，从而实现了常温条件下的超塑性变形。侯东芳、董晓华[60-62]等人研究了脉冲电流对拉伸状态下 7475 Al 合金内位错形态的影响，通过透射电镜观察电塑性变形后的 Al 合金内位错形态发现，位错呈顺电子流动方向排列，并且认为这种位错形态的产生源于位错的自由端在自由电子的推动下绕沉淀相粒子转动，直至位错线与电流方向平行。实验结果为电塑性的电子风理论提供了实验依据。李世春[63]在研究电场作用下的 Zn-5Al 共晶合金超塑性变形时发现一种反常的电塑性效应，即电场的存在提高了 Zn-5Al 共晶合金的变形抗力，降低了应变速率和延伸率。实验中发现，在金属表面产生了大量的半径约为 0.1 μm 的空洞，他认为这是由于电场在试样表面产生感应电荷的结果。这些空洞的存在对 Al 合金的塑性变形过程产生了负面影响。周亦胄等人[64-66]研究了脉冲电流对钢内部裂纹的影响，实验结果表明，脉冲电流的作用可使得钢内部的裂纹局部愈合，愈合是在极短的时间内发生的，并不改变材料原有的组织结构和基本性能。吕宝臣等人[67]对热轧后的 30CrMnSiA 钢进行了电脉冲处理，结果发现 30CrMnSiA 钢产生了再结晶现象，再结晶晶粒的尺寸比原始试样中的晶粒尺寸小了一个数量级，试样的疲劳寿命增加了约一个数量级。王景鹏等人[68]研究了脉冲电流对金属淬火残余应力的影响，向 40Cr 中通入脉冲电流后发现材料在热压应力和残余应力的共同作用下发生了微观局部的塑性变形，从而使得残余应力得以消除，他们认为这是由于脉冲电流大幅度地降低了材料中位错的运动阻力的缘故。

1.2 金属电塑性效应工程应用的研究现状

早在电塑性效应被发现之初，科研人员就敏感地意识到电塑性效应势必会改善金属材料的塑性加工过程，并且很快就开始了金属电塑性加工技术工程应用的研究工作。目前，电塑性效应已经在金属拉拔和轧制等生产工艺过程中取得了很好的实验研究成果[69-70]。

1.2.1 电塑性拔丝技术的工程应用研究

20 世纪 70 年代，Troitskii[71]率先报道了钢铁材料在轧制和拉拔时电塑性变形的实验研究结果，并指出了将电塑性效应应用于实际生产的可行性。研究发现，电塑性拔丝能够降低拉拔过程的拉拔力，使拉拔后的丝材具有较高的塑性和韧性而强度却降低很小，并且减小了拉拔后丝材的断裂倾向。其后大量电塑性拔丝的研究成果[72-74]表明，电塑性拔丝弱化了拉拔后丝材的线织构，通常情况下还能够细化晶粒、降低位错密度及点缺陷密度。唐国翌[75-76]、姚可夫[77]、余鹏[78]等人的研究结果表明，电塑性拔丝还能减少甚至消除丝材拉拔过程中的退火过程，提高生产效率，节能环保，降低生产成本。

金属的电塑性拔丝技术已经取得了很好的实验研究成果。唐国翌[79-80]课题组开发了可应用于金属丝材电塑性拉拔过程的脉冲电源和电塑性拔丝模拟生产线，对普通碳素钢丝、不锈钢丝、Ti-Ni 形状记忆合金丝、铜丝和多种有色合金丝材的电塑性拉拔过程进行了深入的研究。他们的实验结果表明，电流可明显改善金属的拉拔工艺过程，例如：08Mn2Si 低合金钢丝由 ϕ5.5 mm 拔至 ϕ1.99 mm，当拔制速度为 2.38 m/s 时，普通拔丝需经过 $\phi5.5\rightarrow\phi4.6\rightarrow\phi3.93\rightarrow\phi3.4\rightarrow\phi3.0\rightarrow\phi2.64\rightarrow\phi2.3\rightarrow\phi1.99$ mm 七道拔制工序；而在相同的拉拔速度下，引入适当范围的脉冲电流后，只需 $\phi5.5\rightarrow\phi4.29\rightarrow\phi3.29\rightarrow\phi2.75\rightarrow\phi2.39\rightarrow\phi1.99$ mm 五道拔制工序，节约了两道工序。Cr20Ni80 合金的电拔丝过程不仅减少了拉拔道次，而且提高了拉拔速度。Cr20Ni80 合金的普通拔丝过程是 $\phi4.0\rightarrow\phi3.63\rightarrow\phi3.13\rightarrow\phi2.65\rightarrow\phi2.24$ mm，拔丝速度是 1.79 m/s，而电拔丝过程为 $\phi4.0\rightarrow\phi3.37\rightarrow\phi2.74\rightarrow\phi2.24$ mm，拔丝速度达到了 3 m/s[81]。

利用电塑性效应加工金属的工艺过程要求将电流平稳地引入金属的塑性变形区，丝材与电极接触的位置不能产生打火的现象。另外实验中发现[82]，在电极的设置上要考虑到电塑性的极性效应，即电流方向（从正极到负极）与金属塑性变形方向一致时电塑性效应最为明显。如图 1-6 所示，图中箭头方向为拔丝方向。

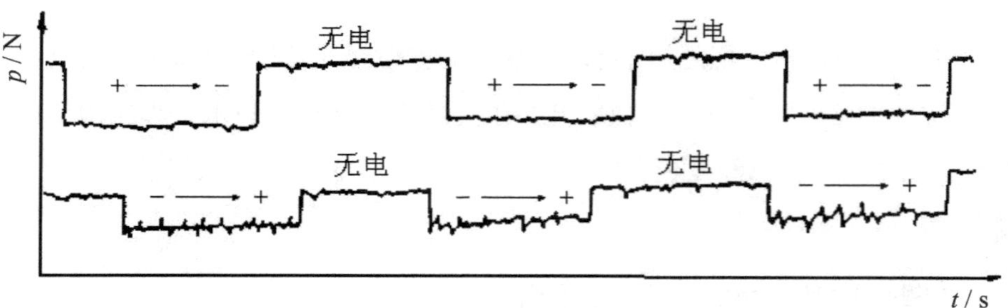

图 1-6　电拉拔生产中的极性效应

由图 1-6 中的上、下曲线拉拔力下降量的对比可知，电流方向与丝材运动方向相同时，拉拔力的下降十分明显，电塑性效应较大。当它们的方向相反时，拉拔力下降较小，电塑性效应减弱。

1.2.2　电塑性轧制技术的工程应用研究

电塑性技术在难成形或低塑性材料的轧制加工中也得到了应用[83-87]。研究人员将直流脉冲电流通过一对滚轮导入处在辊压加工过程中的金属丝材，电流方向垂直于丝的前进方向，电塑性轧制可将直径为 0.1～0.5 mm 的金属丝（钨丝、钼丝、钛合金丝等）辊压成厚度为微米级的薄带。苏联学者 Mutovin 等人对难成形的 Fe-Co-2%V 合金采用电辊压成形工艺[88]，将直径为 2 mm 的合金丝直接辊压成微米级厚度的薄带，而不必进行常规工艺所需要的中间退火，且薄丝带质量好，无裂缝。唐国翌等研究了电塑性轧制的方法，电塑性轧制工艺设计如图 1-7 所示[84]。与普通轧制相比，电塑性轧制成形工艺大大简化，免除了难变形金属在一般辊压工艺中要求的高温和真空等条件，轧材的轧制变形能力得到提高，变形抗力降低，最终产品较常规轧制强度更高、韧性更好。

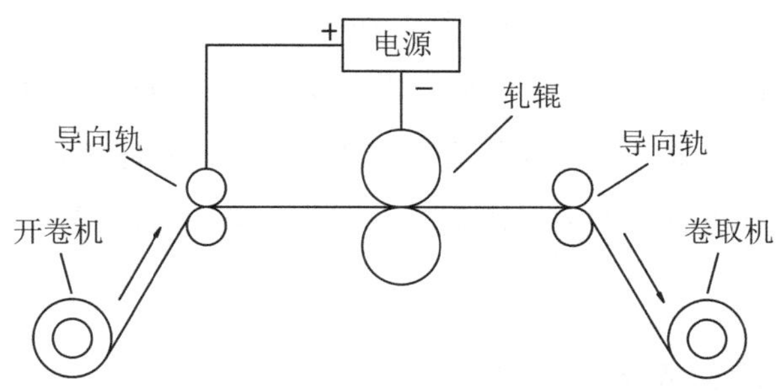

图 1-7　电塑性轧制工艺

唐国翌课题组较为系统地研究了脉冲电流对 Mg 合金轧制过程中的变形抗力、微观组织结构演变、力学性能和宏观组织的影响规律[89]。研究发现，在镁合金轧制过程中施加脉冲电流，可降低变形抗力 10%左右。他们认为变形抗力的降低是热效应和电塑性效应共同作用的结果。实验数据表明，电塑性效应所引起的变形抗力的下降值与脉冲峰值电流密度的三次方成正比，与脉冲频率成线性关系。Mg 合金的电塑性轧制过程实现了静态再结晶和动态再结晶的双重晶粒细化机制，实验中获得了明显的动态再结晶晶粒组织结构。另外，在电轧制过程中，通过调整脉冲频率参数，可获得高韧性而强度适中或高强度而韧性适中的轧态 Mg 合金材料，这是常规轧制工艺很难实现的。通过大量的实验研究，唐国翌课题组提出了一种将脉冲电流应用到超薄变形 Mg 合金带材的轧制优化工艺设计流程。该工艺流程仅用三个轧制道次就成功地将 1.5 mm 厚度的原始退火态 Mg 合金带材成卷轧制成厚度为 0.35 mm 的超薄带材。该轧制工艺流程通过一对可调距离的电极装置与带材接触（正极），将轧辊与电源的负极连接，如图 1-7 所示，这样的金属带材轧制工艺，免除了一般滚压工艺中要求的高温和真空等条件，完全避免了 Mg 合金轧制过程中的退火工艺，明显增大了道次变形率，而且成材表面质量良好，极大地降低了 Mg 合金带材的加工成本。

1.2.3 电塑性冲压技术的工程应用研究

王少楠[90]提出了一种高效电致塑性冲压成形装置，包括凸模、凹模、压边装置和脉冲电源四部分，与常规冲压工艺相比，不同之处在于电冲压工艺将脉冲电流通过与压边装置绝缘的电连接装置导入待成形的金属板材中。电冲压在室温下即可同步完成金属板材的电塑性处理和成形过程，与传统热冲压相比，此方法大大降低了能耗。例如，常规的镁合金板材冲压工艺是首先将模具加热到 380 ℃，再将待冲压镁合金板材放置在模具上，通过热传导，将镁合金板材的温度提升至 340 ℃左右，然后完成冲压过程。很显然常规的镁合金冲压工艺操作难度大，能量消耗高，且工作环境恶劣。另外模具长期处在高温状态，使得模具磨损加快，极大地降低了模具的使用寿命。而电冲压成形工艺无须预先加热模具，在室温下即可完成冲压过程，极大地简化了镁合金冲压成形工艺。

1.2.4 电塑性滚压技术的工程应用研究

方林强[91]对电塑性滚压包边工艺进行了研究，针对目前滚压包边工艺中存在的一些问题，从电塑性效应在解决、改善滚压包边缺陷中所能发挥的作用出发，对电塑性滚压包边工艺进行了分析，在此基础上进一步探讨了电塑性滚压包边工艺在技术上的可行性。根据电塑性滚压包边的工艺要求，对实现该工艺所必须解决的包边动作的完成、电流的加载、设备的绝缘等问题进行了分析，设计了一套适合材料实验机使用的电塑性滚压包边的实验装置。

此外，俄罗斯学者还将电流引入金属切削过程[92]，研究了电流对金属切削过程的影响，发展了电塑性切削技术。

1.3 电流导致金属流动应力下降的机理

为了避免电流流经金属导体时产生大量的焦耳热，各国学者普遍采用高密度短脉宽的脉冲电流来研究金属的电塑性效应。脉冲电流导致的金属流动应力下降和塑性提高是多种物理效应共同作用的结果[93]，包括纯电塑性效应和电塑性副效应两方面。电塑性副效应主要体现为电热效应、集肤效应、磁压缩效应，对于铁磁体材料还会存在磁致伸缩效应。

（1）电热效应，即焦耳热效应。由于金属电阻的存在，当电流通过金属时不可避免地会产生电热，电热的产生势必会导致金属产生热膨胀和热软化的现象，进而影响金属的变形抗力。

（2）集肤效应。脉冲电流通过金属导体时，由于感应作用引起导体截面上电流分布不均匀，靠近金属表面处的电流密度大于导体内部电流密度。集肤效应使得导体的有效电阻增大，同时导致导体表面与内部产生温度差。

（3）磁压缩效应。脉冲电流所产生的磁场对金属等离子体产生的径向受压、轴向受拉的现象。

（4）磁致伸缩效应，是指铁磁体在脉冲电流产生的磁场的作用下所引起的弹性形变现象。

目前，人们对于上述各电塑性的副效应均有较为深入和精确的研究结果。在对金属的纯电塑性效应进行研究时，可采用适当的实验条件来降低电塑性副效应对金属变形抗力的影响。

在绝热条件下，电热效应所导致的材料温度升高 ΔT 可由下式计算得出：

$$\Delta T = I^2 Rt/(Cg) \tag{1-1}$$

式中　I ——电流强度（A）；

R ——电阻（Ω）；

t ——电流作用时间（s）；

C ——比热[J/(kg • K)]；

g ——质量（kg）。

在研究纯电塑性效应时，科研人员大多采用较小的脉冲宽度来降低材料温度的升高，脉冲宽度一般选择在 100 μs 以内。利用式（1-1），对通电条件下直径为 0.5 mm 的 Al、Cu、Fe、W、Ti 等金属丝材在电流密度为 5500 A/mm^2、通电时间为 60 μs 时计算得出温度的升高，其中 Cu 的温升最小仅为 5 ℃，Ti 温升最大为 160 ℃，其他金属的温升位于两者之间。因此在实验研究金属的纯电塑性效应时，选取电阻小的丝材为研究对象，通入大电流、小脉宽和低频率的脉冲电流，可以将电热对金属的变形抗力产生的影响降低至可以忽略的程度。

集肤效应的集肤深度可由下式计算得出[33]：

$$\delta = (\pi \mu_m f / \rho_R)^{-1/2} \tag{1-2}$$

式中 μ_m ——导磁率（H/m）；

f ——脉冲电流频率（Hz）；

ρ_R ——电阻率（Ω·m）。

利用式（1-2），针对 Al、Cu、Fe、W、Ti 等金属在脉冲电流密度为 5500 A/mm^2、频率为 10 Hz 时计算得出集肤深度，其中 Cu 的集肤深度最小为 0.71 mm，Ti 的集肤深度最大为 3.74 mm，其他金属的集肤深度位于两者之间。因此在实验研究金属的纯电塑性效应时，可选取直径较小的丝材为研究对象，这样就可以排除集肤效应对金属的变形抗力产生影响。

磁压缩效应所导致的电塑性拉伸过程中金属变形抗力的下降值 $\Delta\sigma_{\text{pinch}}$ 可由下式计算得出：[33]

$$\Delta\sigma_{\text{pinch}} = \nu_p \mu_m J^2 d^2 / 2 \tag{1-3}$$

式中 ν_p ——泊松比；

J ——电流密度（A/mm^2）；

d ——丝材的直径（mm^2）。

选取 Al、Cu、Fe、W、Ti 的丝材，直径为 0.5 mm，电流密度为 5500 A/mm^2，计算得出 W 的应力下降值最小，仅为 0.25 MPa；Fe 的应力下降值最大，为 0.77 MPa，其他金属的应力下降值位于两者之间。由于磁压缩效应所导致的应力下降值相对比电塑性效应中应力下降的实测值很小，因此在计算条件选取的范围内，磁压缩效应所导致的应力下降值可以忽略不计。

对于磁致伸缩效应，考虑直径为 0.5 mm 的铁丝材在电流密度为 1000 A/mm^2 以上时已经达到磁饱和，此时磁致伸缩效应所引起的应变量仅为 3.5×10^{-6}，如此小的应变相对于电塑性变形时的应力降低量可以忽略不计。

目前，关于金属纯电塑性效应的作用机理主要有三种解释。

（1）Troitskii[94]教授认为定向漂移的电子会对位错的滑移产生牵引力（即电子风力），帮助位错越过障碍，进而降低金属的流动应力。Troitskii 给出的电子风力计算公式为

$$F_{ew} = \frac{b}{4}\left(\frac{\upsilon_e}{\upsilon_d} - 1\right)\frac{\upsilon_d}{\upsilon_F}\frac{\partial n_e}{\partial u}\varDelta^2 \tag{1-4}$$

式中 F_{ew} ——电子作用在位错上的电子风力（N）；

b ——柏氏矢量；

v_e ——电子漂移速度（m/s）；

v_d ——位错滑移速度（m/s）；

v_F ——费密面电子速度（m/s）；

n_e ——电子浓度（pcs/m³）；

u ——化学位；

Δ ——变形能常量。

此后，Kravchenko、Roschupkin 和 Klimov 分别给出了具体可用的电流所导致的定向漂流电子对位错滑移产生牵引力的计算公式，其中 Klimov 公式的计算结果与电子风实测结果最为相近，该公式表述为[33]

$$\frac{f}{l}=\frac{m^{*}bv_F}{3e}J \tag{1-5}$$

式中 f/l ——作用在位错单位长度上的电子风力（N/m）；

m^* ——电子的有效质量（kg）；

e ——电子电荷（C）。

然而，依据电子风力理论得出的电子与位错相互作用系数 $B_{ew}=(f/l)/v_e$ 很小，与金属的纯电塑性效应所导致的流动应力降低值之间存在较大差异。这使得研究人员对电子风力理论产生了质疑。

（2）Hans Conrad[33]教授从微观层面上，对于电塑性效应的机理进行了系统的研究，认为高密度脉冲电流的引入使得材料内部原子运动的能量升高，改变金属中位错滑移的热激活过程，帮助位错克服其滑移面上的障碍，因而可以明显地提高金属的塑性，这是目前各国学者较为认同的观点。依据位错热激活滑移公式，Conrad 教授给出的具体表述公式见式（1-6），式中带下脚标 ed 的符号为施加电流后的参量。

$$\ln(\dot{\varepsilon}_{ed}/\dot{\varepsilon})=\ln(\dot{\varepsilon}_{0ed}/\dot{\varepsilon}_0)-\frac{\Delta H_{ed}^{*}-\Delta H^{*}}{kT}+\frac{(v_{ed}^{*}-v^{*})\sigma^{*}}{kT}+\frac{v_{ed}^{*}\sigma_{ew}}{kT} \tag{1-6}$$

式中 $\dot{\varepsilon}$ ——无电时变形金属的应变速率值（s^{-1}）；

$\dot{\varepsilon}_0$ ——指数前因子；

ΔH^* ——位错活化焓（J）；

v^* ——激活体积（J/Pa）；

σ^* ——有效应力（Pa）；

σ_{ew} ——电子漂移作用在位错上应力（Pa）；

K ——玻尔兹曼常量（J/K）；

T ——绝对温度（K）。

依据式（1-6），电流所导致的金属流动应力的降低是源于金属应变速率发生的变化，电流对位错滑移过程中的激活能、激活体积和指数前因子都产生了一定的影响。由于式（1-6）中的多个参量目前无法得到准确的理论计算结果，Conrad 教授结合大量的实验得出了电流作用下金属的应变速率值，在量化上解释了金属的电塑性效应。

（3）M. Molotskii 等人[95]从电流产生感应磁场的角度提出了磁塑性效应理论来解释电塑性效应，他们认为电流产生感应磁场对位错的脱钉速率产生了影响。当阻碍位错运动的钉扎中心为顺磁性相时，感应磁场会使得位错与钉扎中心的结合能降低，进而增加了可动位错的长度，提高了材料的应变速率。依据磁塑性理论给出的电流作用下的金属应变速率理论公式为

$$\dot{\varepsilon}=\dot{\varepsilon}_0\exp\left\{-\frac{U_0}{kT}\left[1-\left(\frac{kTm_\varepsilon}{U_0}\right)In\left(\frac{\sigma^*}{\sigma_c}\right)\right]\right\} \tag{1-7}$$

式中 U_0 ——塑性变形激活能（J/mol）；

σ_c ——位错克服障碍滑移的临界应力（Pa）；

m_ε ——应变速率敏感系数。

式（1-7）表明电流对应变速率的影响体现在电流对有效应力的影响上。Molotskii 对电塑性理论的解释有一个明显缺陷，即假设阻碍位错运动的钉扎中心为顺磁性。另外，该理论无法解释电塑性的极性效应。

此外，清华大学的郑明新教授[96]从微观、介观和宏观三个层面对电塑性变形的机理问题进行了分析，指出电塑性效应的实现，不仅仅是电子对位错的有利作用，更重要的是电子、电流对精细结构和显微组织的有力影响。清华大学的唐国翌教授[97]依据在电塑性拔丝过程中，当输入的脉冲电流在某一频率范围时，其电塑性效应最为明显，提出了弹性共振效应假说，将材料内部原子或电子的周期分布视为该物质特有的物质波，当脉冲电流的频率与材料的物质波频率相近时，将形成弹性共振效应。

以上关于纯电塑性效应机理的研究总体上来说还处于定性的研究阶段，既没有给出电流对金属流动应力影响值方便实用的定量理论计算方法，也没有给出可应用于金属电塑性加工生产实际的数学模型。

本书的内容主要涉及纯电塑性效应导致金属流动应力降低的作用机理问题。以塑性变形的热激活过程为基础，基于位错滑移理论、自由电子理论和量子理论研究金属电塑性效应变形过程中的机理和规律，得出电流作用下金属流动应力值的计算方法，揭示电塑性效应中金属流动应力降低的本质；自行研制脉冲电流发生器和电塑性拉拔设备及测试系统，对丝材进行电塑性拉伸实验研究，对金属板带进行电塑性轧制实验研究，为电塑性成形技术的实际工程应用奠定基础。具体研究内容可分为以下几个部分：

基于位错滑移理论，从位错热激活滑移的角度对金属电塑性效应机理进行研究。通过研究脉冲电流对拉伸状态下金属流动应力的影响，考虑位错滑移过程与金属宏观应变速率之间的关系，并由此给出脉冲电流作用下金属拉伸时流动应力值的计算方法。

基于自由电子理论，在微观层面从能量交换的角度对金属电塑性效应机理进行研究，推导电流作用下金属流动应力值的计算公式。该公式将考虑自由电子定向漂移与金属离子间碰撞时所产生的能量交换，并且认为该能量导致了金属中位错滑移激活能的改变。根据推导结果对电塑性效应中金属流动应力与各微观参量之间的关系进行探讨。

基于量子理论研究自由电子定向漂移过程中与金属离子间碰撞时所产生的能量交换导致的金属中位错滑移激活能的改变，进而推导电流作用下金属流动应力值的计算公式。

为了实现金属电塑性成形过程的解析计算并为有限元模拟奠定基础，利用金属 Cu 常规塑性变形的实验结果，即流动应力与应变、应变速率和温度的关系数据，回归出 Cu 的本构方程，然后将电流所导致的塑性应变速率和变形温度的升高量叠加到本构方程中，进而获得金属电塑性成形过程的本构方程。

研制用于电塑性加工的电流峰值大、脉冲矩形波形好的脉冲电源装置。该电源包括电源电路、脉冲振荡电路、脉冲频率和脉冲宽度调节电路、驱动电路、脉冲功率发生电路、脉冲功率控制电路。该电源采用性能好、功率大的 GTR 模块，更好地满足了电塑性加工及理论研究的要求，具有脉冲电流大、矩形波形好，电路简单、运行可靠、安全性好等特点。为了能够实时监测脉冲电流的相关参数，研制脉冲电源输出电流检测装置，在金属的电塑性加工过程中可显示脉冲电流的波形、电流强度、脉宽和频率。

为了验证理论计算结果，在高精度的脉动微力材料实验机上，对金属铜丝进行带电拉伸实验，测得不同电参数下铜丝流动应力的改变量，与理论计算结果进行对比分析。

最后，针对金属丝材的电塑性带模拉拔过程，建立了电拔丝过程的力学模型，采用理论求解的方法对金属的电塑性拉拔变形过程进行力学分析。通过改造现有的水箱式拔丝机，实现铜丝的电塑性拉拔过程，测得电流对丝材拉拔力的影响，并将理论计算结果和实验结果进行对比分析，为电塑性拔丝工程应用的理论计算和模拟研究提供参考依据；针对金属带材的电塑性轧制过程，建立了电轧制过程的力学模型，采用理论求解的方法对金属的电塑性轧制变形过程进行力学分析。通过改造现有的二辊板带机，实现带材的电塑性轧制过程，测得电流对带材轧制力的影响，并将理论计算结果和实验结果进行对比分析，为电塑性轧制工程应用的理论计算和模拟研究提供参考依据。

大量的实验研究结果表明，利用电塑性效应可降低金属变形抗力，增加金属成形极限，减免退火过程，改善产品表面质量。电塑性加工技术还特别适用于各类难成形的导电类材料加工过程及消除残余应力的处理过程。但目前人们对纯电塑性效应的机理还不十分清楚，对影响电塑性效应的因素也还处在探讨之中。电塑性加工过程的理论计算已经成为该技术推广的瓶颈。因此，本书中所涉及的研究内容不仅具有重要的理论意义，而且为电塑性效应的工程应用提供了坚实的理论依据和定量的分析方法。

第 2 章　基于位错滑移理论的电塑性效应研究

现有的研究结果表明，电流导致的金属流动应力的降低源于电流对金属内位错滑移的过程产生了影响，这一结论主要基于以下几点原因：

（1）研究人员已经在实验中观察到了电子的定向漂移会对金属的错排原子的移动过程产生影响[98]。

（2）金属电塑性拉伸实验结果显示，纯电塑性效应对金属的弹性变形阶段的变形抗力无明显影响，而对塑性变形阶段的变形抗力影响显著[92]。由于弹性变形与塑性变形的本质差别在于是否有大量的位错进行了滑移，因此考虑纯电塑性效应源于电流会对位错的滑移过程产生了影响。

（3）在拉伸过程的塑性变形阶段，每次单脉冲电流作用后，金属的流动应力会迅速地返回到无电流作用时的应力值。这说明实验条件下的单脉冲电流对金属的晶粒和组织无明显影响[33]，那么此时电流导致的流动应力的降低是源于电流对位错滑移过程产生了影响。

导致位错滑移的因素有两个[99]：一是有效应力，外部应力克服金属内长程内应力后，剩余的应力为作用在位错上的有效应力，当有效应力大于位错滑移过程中所受到的阻力时，位错就可以越过障碍进行滑移，有效应力是帮助位错克服阻力进行滑移的主要因素；二是热振动（热激活），在金属的塑性变形过程中，位错借助于热起伏过程越过障碍进行滑移的过程。常温下晶体中的位错，以它的平衡位置为中心，沿着其滑移面作不规则的振动，温度越高，振动能越高，振动的振幅也越大，当振动能大于钉扎能时，位错便可以越过障碍继续向前滑移，即由温度导致的位错滑移的热激活过程。

电流导致的金属流动应力的降低源于电流对金属内位错滑移的过程产生了影响，一是电子的定向漂移会对金属的错排原子（位错）产生牵引力，即增加作用在位错身上的有效应力，但现有的理论和实验研究结果都表明，该牵引力相对于有效应力而言很小，不会引起金属宏观流动应力发生明显的变化；二是电流对位错滑移的热激活过程产生了影响，改变了位错越过障碍所需的激活能。现有的研究结果表明，电流对位错滑移的热激活过程产生了较大的影响，从而降低了位错滑移过程中所需的有效应力，导致了金属宏观流动应力发生明显的变化。

本章基于位错滑移动力学原理，阐述位错滑移过程与金属宏观塑性变形之间的关系、金属塑性变形的热激活过程以及位错滑移过程中的各微观参量与金属宏观应变速率之间的数学关系式，为后续的基于位错滑移热激活理论的电流对金属流动应力影响的研究奠定基础。

2.1 基于位错滑移机制的塑性变形过程

下面以金属拉伸过程为例，结合图 2-1 和图 2-2 具体研究滑移应变与拉伸应变过程，推导变形物体的微观位错滑移与宏观应变之间的关系。在金属的拉伸变形过程中，拉伸机的卡头只能沿着拉伸试样的轴向发生移动，这就使得金属的滑移取向要不断地发生变化，变化趋势为拉伸轴与滑移方向的夹角不断变小。随着拉伸量的增大，晶体的滑移方向与拉伸轴向趋于一致。假定在拉伸过程中，拉伸机的卡头可自由移动，保持滑移面和滑移方向的取向保持不变，此时拉伸轴的取向不断地发生变化，如图 2-1 所示。

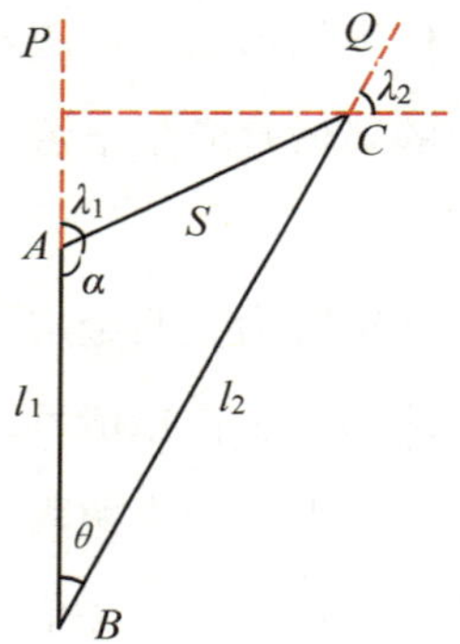

图 2-1 拉伸过程中晶体滑移示意图

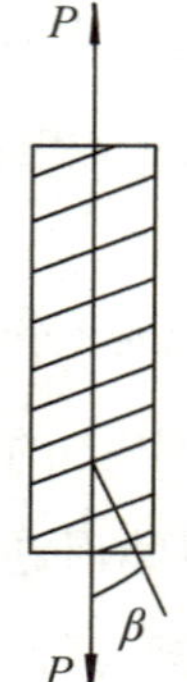

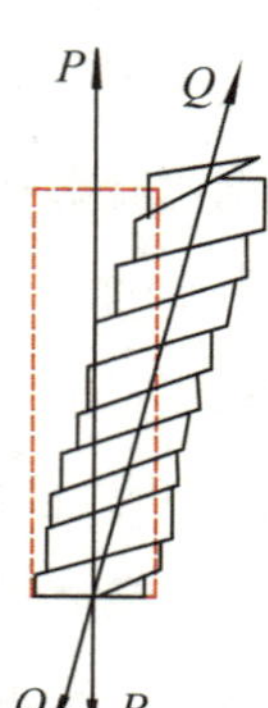

图 2-2 拉伸量与滑移量的几何关系

拉伸量与滑移量的几何关系如图 2-2 所示，在拉伸过程中，拉伸试样的总长度由 l_1 伸长为 l_2，试样所发生的总滑移量相当于各个平行滑移面上的滑移量的叠加，其总和为 S。图中的 λ_1 及 λ_2 分别代表滑移前后拉伸轴和滑移方向的夹角。由图中的三角形 ABC 可得 $l_1/\sin\lambda_2 = l_2/\sin\alpha$，且 $\sin\lambda_1 = \sin\alpha$，所以

$$l_1 \sin\lambda_1 = l_2 \sin\lambda_2 \tag{2-1}$$

从图 2-2 中可以看出，当滑移量 s 为一无穷小量 $\mathrm{d}s$ 时，拉伸试样的伸长量 $\mathrm{d}l$ 就等于 $\mathrm{d}s \cdot \cos\lambda_1$。所以此时的拉伸应变 $\mathrm{d}\varepsilon$ 为

$$\mathrm{d}\varepsilon = \frac{\mathrm{d}l}{l_1} = \frac{\mathrm{d}s \cdot \cos\lambda_1}{l_1} \tag{2-2}$$

相应地，各个平行滑移面厚度的叠加等于 $l_1 \cos\beta$。因而，滑移的切应变为

$$\mathrm{d}\gamma = \frac{\mathrm{d}s}{l_1 \cos\beta} \tag{2-3}$$

将式（2-3）代入式（2-2）中消去 ds 得

$$\mathrm{d}\varepsilon = \cos\beta \cdot \cos\lambda_1 \cdot \mathrm{d}\gamma = \overline{M}_b \cdot \mathrm{d}\gamma \tag{2-4}$$

式中　$\overline{M}_b$——晶体滑移系统的取向因子，$\overline{M}_b = \cos\beta\cos\lambda_1$。

下面结合金属晶体的滑移过程说明切应变 dγ 与位错运动之间的关系[99]。选取侧面尺寸为 $L_1 \times L_2$ 的一块晶体上下两层进行左右方向的滑移，滑移面平行于上下底面，假设一个直刃型位错沿滑移面扫过了整个晶体，如图 2-3 a）所示，位错滑移出晶体后在位错表面留下一台阶，宽度为 b（即柏氏矢量的大小）。

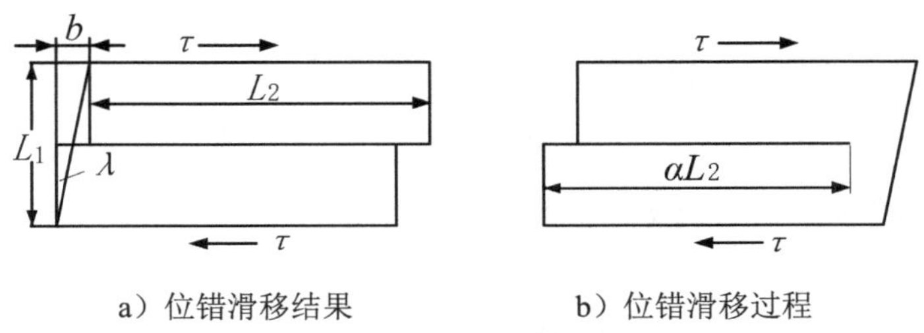

a）位错滑移结果　　b）位错滑移过程

图 2-3　位错滑移与宏观应变量的关系

此时产生的切应变量为

$$\gamma = \frac{b}{L_1} \tag{2-5}$$

如果位错沿滑移面只扫过整个晶体一部分，所经路程为 $s = \alpha L_2$，α为滑移量系数（0<α<1），如图 2-3 b）所示，则切应变 γ 为

$$\gamma = \frac{\alpha b}{L_1} = \frac{\alpha b L_2 L_3}{L_1 L_2 L_3} \frac{L_3 s b}{V} \tag{2-6}$$

式中　L_1 ——晶体的高度（m）；

L_2 ——晶体的长度（m）；

L_3 ——晶体的宽度（m）；

b ——柏氏矢量；

α ——滑移量系数；

V ——晶体的体积（m^3）。

假定位错线贯穿于整个晶体，即 L_3 等于位错线的长度，所以晶体的体积为 $V = L_1 L_2 L_3$。式（2-6）描述的是一根位错线的滑移过程对晶体应变的贡献，推广到一族平行的滑移面中的一组任意的位错线，总的应变为各位错线贡献的叠加：

$$\gamma=\sum_i \frac{L_i s b}{V}=\frac{L}{V} b \bar{s} \tag{2-7}$$

式中　$\bar{s}$ ——位错滑移距离的平均值（m）；

L ——各位错线长度的叠加（m）。

依据晶体位错密度的定义，单位体积晶体中所包含的位错线的总长度为位错的密度ρ，即

$$\rho=\frac{L}{V} \tag{2-8}$$

将式（2-8）代入式（2-7）中，取微分可得

$$\mathrm{d}\gamma=\rho b\,\mathrm{d}s \tag{2-9}$$

将式（2-9）代入式（2-4）中，可得

$$\mathrm{d}\varepsilon=\overline{M}_b \rho b\,\mathrm{d}s \tag{2-10}$$

上式对时间取微商得到应变速率方程式

$$\dot{\varepsilon}=\overline{M}_b \rho b \bar{v}_b \tag{2-11}$$

式中　$\overline{M}_b$ ——晶体滑移系统的取向因子；

ρ ——位错密度（m/m^3）；

b ——柏氏矢量；

$\bar{v}_b$ ——位错滑移的平均速率（m/s）。

2.2　位错滑移的热激活过程

现有的实验结果表明[100]，金属内部位错的滑移不一定依靠外力来进行。例如，在金属的拉伸实验中，温度的变化会引起屈服应力和流动应力的变化；蠕变实验中，即使外力不发生变化，应变也是随时间而变化的，这种现象在高温条件下尤为突出，它证实了位错滑移机制存在着另一种形式，即位错可以借助热起伏越过障碍而进行滑移的过程。

位错滑移的热激活机制源于金属原子的热振动过程。常温下晶体中的原子，以它的平衡位置为中心，不断地作不规则的热运动，晶体的错排原子——位错线也是如此，即使无外力作用在位错上，它也不是静止的，而是沿着其滑移面作不规则的热振动。位错线的节点和被杂质原子钉扎的点可以被认为是相对固定的点，即振动的节点，温度越高，振动的振幅也越大，振动能越高。当位错的滑移过程受到阻碍时，如果此时温度为绝对零度，那么作用在位错上的有效应力必须至少要等于位错所受的阻力，才

能使位错越过障碍进行滑移。但是在通常情况下，因为有位错的热振动过程的帮助，即使有效应力小于位错滑移阻力，位错也会存在一定的概率借助热起伏越过障碍的势垒而进行滑移，这个过程的振动能就等于位错越过障碍时需要热运动所补充的能量。

在金属塑性变形过程中，在位错的滑移面上不规则地分布着许多障碍，位错的滑移必须越过障碍来进行。如图 2-4 所示，当位错受到某一障碍势垒阻碍时，帮助位错克服障碍的动力来自两个方面：一是由外力产生的有效应力 σ^*；二是与温度相关的热激活过程。如果温度为绝对零度，则有效应力作用在单位长度位错上的力 σ^*b 至少等于 F_m，才能使位错越过障碍。但是在常温下，因为有热激活的帮助，即使有效作用力 σ^*b 小于 F_m，也会使位错跃过障碍的势垒，这个过程即为热激活过程，热激活过程所需的能量就等于位错越过障碍时热运动所补充的能量。

设 ΔH 为此时位错线越过障碍所需的激活能，通常 ΔH 是位错线实际所受应力（即有效应力 σ^*）的函数。在温度 T 下，热激活产生能量 ΔH 的概率由玻耳兹曼（Boltzmann）因子 $\exp(-\Delta H / kT)$ 决定。设位错线的振动的固有频率为 v_0，依据玻耳兹曼定律，在单位时间内位错线依靠热激活越过障碍的次数等于 $v_0 \exp(-\Delta H / kT)$。假定位错线在越过一个障碍后所扫过的面积为 A^*，即激活面积，沿位错线障碍间距为 l_0，由此可得位错线在障碍间不规则跃进的平均速率为[100]

$$\bar{\upsilon}_b = \frac{A^* v_0}{l_0} \exp(-\Delta H / kT) \tag{2-12}$$

式中　A^* ——激活面积（m^3）；

v_0 ——位错线振动的固有频率（Hz）；

l_0 ——位错线上相邻两障碍的间距（m）；

ΔH ——热激活产生的能量（J）；

k ——玻耳兹曼常量（J/K）；

T ——温度（K）。

现有的实验结果表明，激活面积几乎与温度无关，却强烈地随着有效应力的增大而减小。激活面积随有效应力增大而减小的曲线示意图如图 2-5 所示。

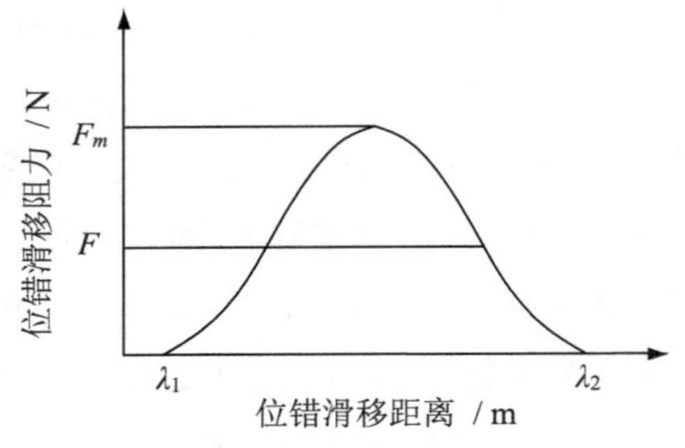

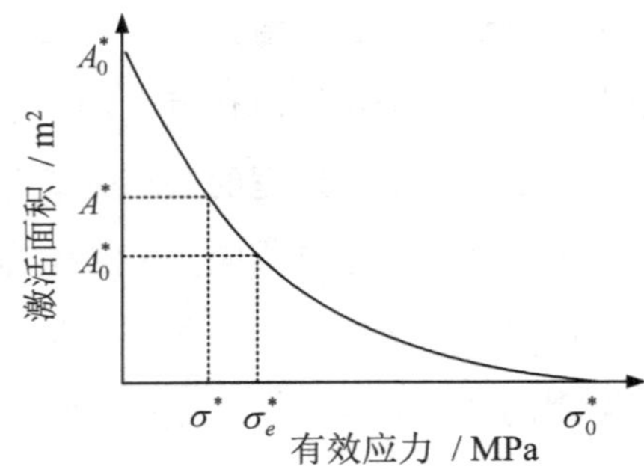

图 2-4 位错滑移阻力示意图

图 2-5 激活面积与有效应力的关系

位错在滑移面上运动时反复被障碍所钉扎。这些障碍物的形式和分布是多种多样的，所以造成的内应力场也不相同（大小和方向均不同）。因此，位错在滑移过程中所遇到的实际上是一个不断变化的内应力场。根据图 2-5，在有效应力作用下，位错扫过面积 A^* 时，有效应力所做的功为 $\sigma^* A^* b$。如果有效应力 σ^* 为零，激活面积要达到 A_0^*，此时位错充分激活具有最高的激活能为

$$\Delta H_0 = \int_0^{A_0^*} b\sigma^* \mathrm{d}A^* \tag{2-13}$$

当有效应力 σ^* 不为零时，对应于 σ^* 的激活面积为 A^*，位错越过障碍所需的激活能为

$$\Delta H = \int_0^{A^*} b\sigma^* \mathrm{d}A^* \tag{2-14}$$

由于局部内应力场的方向是不断地变化的，所以作用在位错上的有效应力有时顺着局部应力的方向，有时则逆着局部应力的方向。当顺着时，有效应力 σ^* 推动位错滑移，做正功，使激活能降低，使位错的运动速率加快，这时的激活能为[100]

$$\Delta H_S = \Delta H_0 - b\int_0^{\sigma^*} A^* \mathrm{d}\sigma^* \tag{2-15}$$

当逆着局部应力场时，有效应力 σ^* 阻碍位错滑移，做负功，使激活能增加，这时的激活能为[100]

$$\Delta H_N = \Delta H_0 + b\int_0^{\sigma^*} A^* \mathrm{d}\sigma^* \tag{2-16}$$

式（2-15）和（2-16）表明热激活过程与外应力都对位错滑移过程产生影响，二者是相互抵消还是相互增强，完全取决于作用在位错上的应力的大小与方向，考虑这种不断变化的应力场的影响，可得位错滑移的平均速率 $\bar{v}_b$ 为[100]

$$
\begin{aligned}
\bar{v}_b &= \frac{A^* v_0}{l_0}\left[\exp\left(-\frac{\Delta H_S}{kT}\right)-\exp\left(-\frac{\Delta H_N}{kT}\right)\right] \\
&= 2\frac{A^* v_0}{l_0}\exp\left(-\frac{\Delta H_0}{kT}\right)\sinh\left(\frac{b}{kT}\int_0^{\sigma^*}A^*\mathrm{d}\sigma^*\right)
\end{aligned} \tag{2-17}
$$

当应力为引起塑性变形的主要因素时

$$
\sinh\left(\frac{b}{kT}\int_0^{\sigma^*}A^*\mathrm{d}\sigma^*\right)\approx\frac{1}{2}\exp\left(\frac{b}{kT}\int_0^{\sigma^*}A^*\mathrm{d}\sigma^*\right) \tag{2-18}
$$

可进一步将式（2-17）变形为

$$
\bar{v}_b = \frac{A^* v_0}{l_0}\exp\left(-\frac{\Delta H_0 - b\int_0^{\sigma^*}A^*\mathrm{d}\sigma^*}{kT}\right) \tag{2-19}
$$

当温度为引起位错滑移的主要因素时

$$
\sinh\left(\frac{b}{kT}\int_0^{\sigma^*}A^*\mathrm{d}\sigma^*\right)\approx\frac{bA^*\sigma^*}{kT} \tag{2-20}
$$

可将式（2-17）变形为

$$
\bar{v}_b = 2\frac{A^* v_0}{l_0}\frac{bA^*\sigma^*}{kT}\exp\left(-\frac{\Delta H_0}{kT}\right) \tag{2-21}
$$

式中　σ^*　——有效应力（MPa），其值为外应力与长程内应力之差；

ΔH_0　——有效应力为零时，激活位错所需的最大自由能(J)，$\Delta H_0=\int_0^{A_0^*}b\sigma^*\mathrm{d}A^*$；

A_0^*　——最大激活面积（m^2）。

将式（2-12）代入式（2-11）得到不考虑金属内局部应力场对位错滑移速率影响时的微观位错滑移速率与宏观应变速率的关系式

$$
\dot{\varepsilon} = \overline{M}_b\,\rho\,b\,\frac{A^* v_0}{l_0}\exp\left(\frac{-\Delta H}{kT}\right) \tag{2-22}
$$

将式（2-19）代入式（2-11）得到考虑金属内局部应力场对位错滑移速率影响，且外力为引起塑性变形的主要因素时，微观位错滑移速率与宏观应变速率的关系式

$$
\dot{\varepsilon} = \overline{M}_b\,\rho\,b\,\frac{A^* v_0}{l_0}\exp\left(-\frac{\Delta H_0 - b\int_0^{\sigma^*}A^*\mathrm{d}\sigma^*}{kT}\right) \tag{2-23}
$$

将式（2-21）代入式（2-11）得到考虑金属内局部应力场对位错滑移速率的影响，且温度为引起塑性变形的主要因素时，微观位错滑移速率与宏观应变速率的关系式

$$\dot{\varepsilon}=2\,\overline{M}_b\,\rho b\;\frac{A^*v_0}{l_0}\frac{bA^*\sigma^*}{kT}\exp\left(-\frac{\Delta H_0}{kT}\right) \tag{2-24}$$

2.3 电流对位错滑移热激活过程的影响

下面结合金属的电塑性拉拔过程研究电流对金属流动应力的影响。考虑到电塑性拉拔过程是在常温下进行的，且电热所导致的试样温升不高，所以外力是引起塑性变形的主要因素，因此微观位错滑移速率与宏观应变速率的关系可用式（2-23）表示。将有效应力σ^*为零时，充分激活位错所需的最高自由能ΔH_0的表达式代入式（2-23）中，可得

$$\dot{\varepsilon}=\overline{M}_b\,\rho\,b\frac{A^*v_0}{l_0}\exp\left(-\frac{\int_0^{A_0^*}b\sigma^*\mathrm{d}A^*-b\int_0^{\sigma^*}A^*\mathrm{d}\sigma^*}{kT}\right) \tag{2-25}$$

令$\dot{\varepsilon}_0=\overline{M}_b\,\rho\,bv_0A^*/l_0$为指数前因子。依据激活面积与有效应力的关系曲线图 2-5，可将式（2-25）化简为

$$\dot{\varepsilon}=\dot{\varepsilon}_0\exp\left(-\frac{b\int_{\sigma^*}^{\sigma_0^*}A^*\mathrm{d}\sigma^*}{kT}\right) \tag{2-26}$$

当向处在塑性变形状态的拉伸金属中通入单脉冲电流时，金属的流动应力迅速下降，在电流作用的时间内，定向漂移的电子对位错的滑移过程产生了影响，针对式（2-26），电流所产生的电子风力导致了有效应力σ^*增加为σ_e^*，同时对指数前因子$\dot{\varepsilon}_0$产生了影响，使$\dot{\varepsilon}_0$变为$\dot{\varepsilon}_{0e}$。因此在电流作用时间内的应变速率为

$$\dot{\varepsilon}_e=\dot{\varepsilon}_{0e}\exp\left(-\frac{b\int_{\sigma_e^*}^{\sigma_0^*}A^*\mathrm{d}\sigma^*}{kT}\right) \tag{2-27}$$

式中，带下脚标e的符号为施加电流后的参量。将式（2-27）和式（2-26）两式取对数并相减得

$$\ln(\dot{\varepsilon}_e/\dot{\varepsilon})=\ln(\dot{\varepsilon}_{0e}/\dot{\varepsilon}_0)+\left[-\frac{b}{kT}\left(\int_{\sigma_e^*}^{\sigma_0^*}A^*\mathrm{d}\sigma^*-\int_{\sigma^*}^{\sigma_0^*}A^*\mathrm{d}\sigma^*\right)\right] \tag{2-28}$$

因为$\sigma_e^*-\sigma^*$相对于σ^*很小，参照图 2-5 将上式积分项简化，可把式（2-28）变形为

$$\ln(\dot{\varepsilon}_e / \dot{\varepsilon}) = \ln(\dot{\varepsilon}_{0e} / \dot{\varepsilon}_0) + \frac{bA^*}{kT}(\sigma_e^* - \sigma^*) \tag{2-29}$$

对于式（2-29）中的 $\dot{\varepsilon}_0$（$\dot{\varepsilon}_0 = \overline{M}_b \rho b v_0 A^* / l_0$），考虑在一个脉宽短暂的作用时间内，产生明显变化的量仅仅是 A^* 降低为 A_e^*，其他各参数值变化非常小可忽略不计，所以可得 $\ln(\dot{\varepsilon}_{0e} / \dot{\varepsilon}_0) = \ln(A_e^* / A^*)$。引入位错滑移速率对应力的敏感系数 m_b^*

$$m_b^* = b\sigma^* A^* / kT \tag{2-30}$$

不同材料的 m^* 可以通过实验的方法测得[100]，由式（2-29）和式（2-30）可得

$$\ln(\dot{\varepsilon}_e / \dot{\varepsilon}) = \ln\left(\frac{\sigma^*}{\sigma_e^*}\right) + \frac{m_b^*(\sigma_e^* - \sigma^*)}{\sigma^*} \tag{2-31}$$

引入 $\sigma_{ew}^* = \sigma_e^* - \sigma^*$ 为漂流电子对位错产生的牵引力，进一步可得

$$\ln(\dot{\varepsilon}_e / \dot{\varepsilon}) = \ln\left(\frac{\sigma^*}{\sigma^* + \sigma_{ew}^*}\right) + \frac{m_b^* \sigma_{ew}^*}{\sigma^*} \tag{2-32}$$

$$\dot{\varepsilon}_e = \dot{\varepsilon} \exp\left[\ln\left(\frac{\sigma^*}{\sigma^* + \sigma_{ew}^*}\right) + \frac{m_b^* \sigma_{ew}^*}{\sigma^*}\right] \tag{2-33}$$

Roschupkin 等人[31]通过研究定向漂流的电子对位错滑移过程的影响，得出电流作用在单位长度位错上的力可表示为

$$\frac{f}{l} = \frac{2h}{\pi} n_e(\upsilon_e - \upsilon_d) = \frac{2h}{e\pi} J \tag{2-34}$$

式中　h——普朗克常数（J•s）。

式（2-34）表明漂流电子对位错的作用力与电流强度 J 成正比，即

$$f / l = K_{ew} J \tag{2-35}$$

式中　K_{ew}——电子风力系数。

漂流电子对位错产生的牵引力 σ_{ew}^* 与电子风力系数 K_{ew} 的关系式为[31]

$$\sigma_{ew}^* = \frac{K_{ew}\overline{M}}{b} J \tag{2-36}$$

式中　$\overline{M}$——泰勒取向因子。

由式（2-34）、式（2-35）和式（2-36）可得

$$\sigma_{ew}^* = \frac{2h\overline{M}}{eb\pi} J \tag{2-37}$$

将式（2-37）代入式（2-33）中可得有电流作用时金属应变速率的计算公式

$$\dot{\varepsilon}_e = \dot{\varepsilon} \exp\left[\ln\left(\frac{\sigma^*}{\sigma^* + \frac{2h\overline{M}}{eb\pi}J}\right) + \frac{m_b^* \frac{2h\overline{M}}{eb\pi}J}{\sigma^*}\right] \tag{2-38}$$

式中 $\dot{\varepsilon}_e$ ——电流作用下的金属应变速率值（s^{-1}）；

$\dot{\varepsilon}$ ——无电流作用下的金属应变速率值（s^{-1}）；

σ^* ——有效应力（MPa）；

m_b^* ——位错滑移速率对应力的敏感系数；

e ——电子电荷（C）；

$\overline{M}$ ——泰勒取向因子；

b ——柏氏矢量；

h ——普朗克常数（J·s）；

J ——电流密度（A/m^3）。

2.4 电塑性效应中应变速率变化量的算例

从式（2-38）中可以看出，在单脉冲电流作用时间内，电流引起了拉伸试样应变速率 $\dot{\varepsilon}$ 发生了变化，这势必会导致流动应力发生变化。也就是说，在试样的拉伸过程中应变速率始终是恒定的（即为 $\dot{\varepsilon}$，该值是由材料拉伸机预先设定的），无电拉伸时该应变速率完全由外力（拉伸力）来实现（即 $\dot{\varepsilon} = \dot{\varepsilon}_F$ ）；带电拉伸时该应变速率由外力和电流两个因素来实现（$\dot{\varepsilon} = \dot{\varepsilon}_{Fe} + \dot{\varepsilon}_{ee}$），很显然带电拉伸状态下由外力来实现的 $\dot{\varepsilon}_{Fe}$ 明显低于无电拉伸时的 $\dot{\varepsilon}_F$，这势必会导致拉伸状态下金属流动应力的降低。当电塑性效应发生时，外力所引起的应变速率为

$$\dot{\varepsilon}_{Fe} = \dot{\varepsilon} - (\dot{\varepsilon}_e - \dot{\varepsilon}) \tag{2-39}$$

式中，带下脚标 e 的为施加电流后的参量，$\dot{\varepsilon}_e - \dot{\varepsilon}$ 为电塑性效应所引起的应变速率变化值。

拟定对电塑拉伸状态下的铜丝进行计算。前提条件为：温度 T=20 ℃；应变速率为 $\dot{\varepsilon}$=2.5 s^{-1}；应变为 ε=30%；通电前铜丝的外应力值为 σ =290 MPa[104]。此时，对处于拉伸状态下的铜丝通入一个单脉冲电流，电流密度为 J=4000 A/mm^2。其他各参数的选取办法如下：

（1）位错速率对应力的敏感系数 m_b^* 值的选取。m_b^* 值可以通过实验测得，本质很软的材料如面心立方金属，m_b^* 值都很大，依据现有实验数据选取 Cu 的 m_b^* 值为

200[99]。

（2）有效应力 σ^* 值的选取。依据现有实验测量结果，选取铜丝的 σ^* 值为外应力 σ 值的 0.16 倍[103]，即 σ^*（46.4 MPa）。

（3）$2h\overline{M}/(eb\pi)$ 值的选取。选取 Conrad 依据 Roschupkin 公式计算所得数据[31]，该值为 33.13×10⁻⁶ N/A。

公式中各参数的取值见表 2-1。

表 2-1　公式中各参数取值

应变速率 $\dot{\varepsilon}$ /s^{-1}	有效应力 σ^* /MPa	$2h\overline{M}$ /$(eb\pi)$ / （N/A）	敏感系数 m_b^*
2.5	46.4	33.13×10^{-6}	200

将上述各参数值代入式（2-38）中，计算可得 $\dot{\varepsilon}_e$ =4.41 s^{-1}。此时由外力所引起的应变速率值为 $\dot{\varepsilon}_{Fe}=\dot{\varepsilon}-(\dot{\varepsilon}_e-\dot{\varepsilon})=0.59$ s^{-1}，该结果表明电流导致金属流动应力变化的机理是由于定向漂流的电子加快了位错滑移的速率，进而导致了由外力引起的应变速率降低，宏观上将体现为电塑性效应中金属流动应力的降低。

2.5　公式的分析与讨论

Conrad 等人通过研究高密度单脉冲电流对金属流动应力的影响，利用理论推导和实验数据相结合的方法得出了单脉冲电流作用下的拉伸过程中金属应变速率的降低值。此外，他们也证实电流所导致的金属流动应力的降低与电塑性效应中金属应变速率的提高有关。与 Conrad 的公式相比[33]，本书理论推导过程也是基于位错热激活塑性流动的概念，通过研究单个脉冲电流对变形金属有效应力的影响，得出单脉冲电流作用下金属应力与应变速率的关系式。但本书考虑了局部应力场对位错滑移速率的影响，结合有效应力与激活面积关系（图 2-5）推导了更为简便、实用的电流作用下金属应变速率的理论计算公式。

当拉伸试样的应变速率一定时，对于某一种特定的金属材料而言，式（2-38）是以电流密度 J 为自变量，$\dot{\varepsilon}_e$ 为因变量的关系式。有效应力 σ^* 值是通过实验测量金属的流动应力 σ 和长程内应力 σ_u 而间接得到的[101-103]，即

$$\sigma^*=\sigma-\sigma_u \tag{2-40}$$

对于特定材料系数 $2h\overline{M}/(eb\pi)$ 为一常量，m_b^* 是位错滑移速率对应力的敏感系数，不同材料的 m_b^* 可以通过实验的方法测得[99]。利用该式可以求得不同电流密度作用时，

拉伸试样应变速率的变化量，进而可以求得流动应力的变化值。从以上的推导结果还可以看出，电流导致金属流动应力变化的机理是由于定向漂流的电子加快了位错滑移的速率，进而导致了宏观应变速率发生了变化。

依据式（2-38）电流密度 J 与应变速率 $\dot{\varepsilon}_e$ 呈现 e 的指数次幂的关系，所以随着电流密度的增大，应变速率会发生急剧的变化。另外，式中的参数 σ^* 、m^* 是与温度有关的量，当电热引起试样温度变化较大时，应考虑温度变化对这些参数的影响。对于不同的金属，式中参数 σ^* 、m_b^* 和 $\overline{M}$ 的取值也是不同的，依据现有的实验和理论结果，精确测量上述各参数值的难度较大，各参数只有一定的取值范围。若想使得式（2-38）有较为精确的计算结果，需利用实验结果对其取值进行修正，最终使得该公式与实际结果相符合。另外，公式推导过程没有考虑脉冲宽度和频率的影响，在实际生产过程中，当脉冲宽度和频率较大时，电流的热效应所导致的热膨胀和热软化也将会对金属的流动应力产生一定的影响。

本章基于位错滑移动力学原理，研究了位错滑移的热激活过程，采纳了 Conrad 教授关于电流会对位错滑移热激活过程产生影响的观点，推导了单脉冲电流作用下金属塑性变形过程中电流密度与应变速率的理论关系公式。推导结果表明电流提高了金属中位错的滑移速率，进而导致了宏观应变速率发生了变化，体现为金属塑性变形过程中的流动应力降低。这一结果为研究电流对金属流动应力的影响提供了理论依据。

理论计算结果显示，电流密度越大，电塑性效应越明显，电流密度与应变速率的降低值呈现指数次幂关系。且若想得到较为明显的电塑性效应，电流密度应该达到一定的限值。考虑到金属中位错的滑移速率不可能无限制地增加，所以金属的电塑性效应也存在电流密度的上限值。

第3章　基于自由电子理论的电塑性效应研究

依据金属电塑性效应的热激活理论，定向漂流的电子引起了位错滑移所需激活能的改变，进而改变了位错滑移的速率，这导致宏观金属应变速率发生了变化，体现为宏观金属流动应力的降低。本章探求利用自由电子理论，从微观层面上研究电流对金属位错激活能的影响，推导自由电子定向漂移与金属离子间碰撞时所产生的能量交换量的理论关系式，进而对电塑性效应中金属应变速率变化与各物理参量之间的关系进行探讨。

自由电子在电场力的作用下作定向加速运动，使得自由电子的能量增加，现有的理论和实验结果均表明恒定的电场产生恒定的电流，即自由电子的动能不可能无限增加，这是因为自由电子在运动过程中不断地和原子（正离子）相碰撞，导致它们的运动方向和能量不断地发生改变。当向处在塑性变形过程中的金属通电时，自由电子通过碰撞过程将自身的能量传递给金属晶格的错排原子（即形成位错的原子），使得位错能量升高，提高了位错借助热激活过程越过障碍势垒进行滑移的概率，进而会导致金属流动应力的降低。

本章基于自由电子理论，首先计算出在电场力作用下，自由电子在弛豫时间内能量的增加值；然后考虑该能量增加值在碰撞过程中传递给构成位错的原子，即为位错能量的变化量，最后将该能量值代入位错滑移的热激活应变速率关系式中，计算该能量对宏观应变速率的影响。

3.1　电流的自由电子理论概述

根据金属的经典自由电子理论[105]，在金属中存在一定数量的自由电子，自由电子之间可以认为是各不相关的，而自由电子和构成金属晶格的正离子之间也只是在碰撞的一瞬间才有相互作用。因此，在两次碰撞之间，自由电子作无规则的热运动。当金属中存在电场时，在电场力的作用下，自由电子除了本身的热运动速度外，还获得附加的定向运动速度，它的方向与电场方向相反，电子的速度等于上述两个速度之和。由于电子在运动过程中不断地和正离子相碰撞，它们的运动方向不断地发生改变，因此电子的运动路径是迂回曲折的。但这种运动在宏观上体现为定向运动，形成电流。

根据电场强度的定义，电场强度在数值上等于位于该点的单位正电荷所受的电场力，即 $E_d = F/q$。E_d为电场强度，F 为电场力，q 为电荷量。当对金属施加一电场时，金属中的自由电子受到电场力的作用，使得每个自由电子都具有一个逆着电场方向的加速度 $a = eE_d/m$，e 为电子电荷，m 为电子质量。电子在运动时不断地与晶格碰撞，碰撞后电子向各个方向弹射的可能性是一样的，碰撞后电子的运动方向变得毫无规则，因而自由电子在刚刚碰撞之后，和电子处在无电场作用时是一样的，对大量电子平均而言，它们的定向运动的速度为零。此后，在电场的作用下，电子继续作定向运动，在自由程的终点，电子定向运动的速度 $\bar{v}_1$ 等于加速度 a 与两次碰撞之间的平均时间 $\bar{\tau}$ 的乘积[106]

$$\bar{v}_1 = a \cdot \bar{\tau} = \frac{eE_d}{m}\bar{\tau} \tag{3-1}$$

两次碰撞之间的平均时间 $\bar{\tau}$，也就是电子通过它的自由程所需的平均时间，等于电子的平均自由程 $\bar{\lambda}$ 除以电子的平均速度（即热运动的平均速度 $\bar{u}$ 与定向运动的平均速度 $\bar{v}$ 的和），通常情况下，$\bar{u} \gg \bar{v}$，即 $\bar{u} + \bar{v} \approx \bar{u}$。由此可得

$$\bar{v}_1 = a \cdot \bar{\tau} = \frac{e\bar{\lambda}}{m\bar{u}}E_d \tag{3-2}$$

于是，电子在整个自由程时间内定向运动速度的平均值为

$$\bar{v} = \frac{\bar{v}_1 + 0}{2} = \frac{e\bar{\lambda}}{2m\bar{u}}E_d \tag{3-3}$$

即在电场力的作用下，在电子不规则的热运动上所附加的定向运动的平均速度，由此可得电流密度

$$J = n_e e\bar{v} = \frac{e^2 n_e \bar{\lambda}}{2m\bar{u}}E_d \tag{3-4}$$

式中 n_e ——电子浓度（pcs/m^3）；

e ——电子电荷（C）；

$\bar{v}$ ——电子自由程内定向运动的平均速度（m/s）；

$\bar{\lambda}$ ——电子的平均自由程（m）；

m ——电子质量（kg）；

$\bar{u}$ ——电子热运动的平均速度（m/s）；

E_d ——电场强度（N/C）。

与欧姆定律的微分形式 $J = \gamma \cdot E_d$ 相比，可知电导率与各微观量之间的关系

$$\gamma = \frac{e^2 n_e \bar{\lambda}}{2m\bar{u}} \tag{3-5}$$

式中　γ——电导率（S/m）。

自由电子在电场的作用下定向移动，不断与构成金属晶格的离子相碰撞，把动能传递给离子，使离子的热运动能量增加，产生焦耳热。由式（3-3）可得自由电子在其自由程终点所具有的定向运动的平均速度，则此时电子所具有的动能为[106]

$$W=\frac{1}{2}m\bar{v}^2=\frac{e^2\bar{\lambda}^2}{2m\bar{u}^2}E_d^2 \tag{3-6}$$

依据电流的自由电子理论，自由电子与金属离子碰撞时，这部分能量由电子传递给离子，W 即为碰撞一次所传递给离子的能量。设 $\bar{\tau}$ 为电子和离子连续两次碰撞之间所需的时间，则单位时间内每个自由电子与离子碰撞的次数 $z=1/\bar{\tau}=\bar{u}/\bar{\lambda}$，则在单位时间某个离子从自由电子获得的能量为

$$P=zW=\frac{e^2\bar{\lambda}}{2m\bar{u}}E_d^2 \tag{3-7}$$

在金属塑性变形过程中，当有外电场存在时，电子与构成位错的离子相碰撞，位错离子获得能量，若位错离子获得的能量能够克服障碍，则位错滑移，该能量消耗在滑移过程中，此时该能量即为位错热激活能的改变量。当然这里还存在着能量积累的过程，离子在较短时间内可能与多个电子相碰撞。但离子能量不可能持续增加，在一段时间内若位错不滑移，该能量就会以焦耳热的形式释放出来，体现为金属电热效应。设形成晶格排列线缺陷（位错）的离子平均数目为 x 个，并假定金属内自由电子与离子数目相等，则在单位时间内金属的定向漂移电子传递给位错的平均能量 P_b，即单位时间内位错激活能的平均改变量为

$$P_b=xzW=\frac{xe^2\bar{\lambda}}{2m\bar{u}}E_d^2 \tag{3-8}$$

结合式（3-4）和式（3-5），式（3-8）可变形为

$$P_b=\frac{x}{n_e\gamma}J^2 \tag{3-9}$$

3.2　电流对位错滑移热激活过程的影响

由位错热激活应变速率理论有[100]

$$\dot{\varepsilon}=\dot{\varepsilon}_0\exp\left(\frac{-\Delta H}{kT}\right) \tag{3-10}$$

单位时间内自由电子与形成晶格排列线缺陷（位错）的离子相互碰撞所引起的位错激活能的改变量由式（3-9）确定，引入电流作用的时间 t，将式（3-9）叠加到式（3-10）

中可得外电场存在时应变速率 $\dot{\varepsilon}_e$ 为

$$\dot{\varepsilon}_e = \dot{\varepsilon}_{0e}\exp\left(\frac{-\Delta H + xtJ^2/(n_e\gamma)}{kT}\right) \tag{3-11}$$

对式（3-10）和式（3-11）取对数并相减得

$$\ln(\dot{\varepsilon}_e/\dot{\varepsilon}) = \ln(\dot{\varepsilon}_{0e}/\dot{\varepsilon}_0) + \frac{xt}{n_e\gamma kT}J^2 \tag{3-12}$$

指数前因子 $\dot{\varepsilon}_0 = \Omega\rho b v_0 A^*/l_0$，采用同第 2 章同样的办法对指数前因子项进行处理，得 $\ln(\dot{\varepsilon}_{0e}/\dot{\varepsilon}_0) = \ln(\sigma^*/\sigma_e^*)$，于是有

$$\ln(\dot{\varepsilon}_e/\dot{\varepsilon}) = \ln(\sigma^*/\sigma_e^*) + \frac{xt}{n_e\gamma\ kT}J^2 \tag{3-13}$$

现有理论表明电子对位错的牵引力所引起的有效应力变化量较小[31]，即 $\sigma^*/\sigma_e^* \approx 1$。将式（3-13）整理得

$$\dot{\varepsilon}_e = \dot{\varepsilon}\exp\left(\frac{xt}{n_e\gamma\ kT}J^2\right) \tag{3-14}$$

式中 $\dot{\varepsilon}_e$ ——电流作用下的金属应变速率值（s^{-1}）；

$\dot{\varepsilon}$ ——无电流作用下的金属应变速率值（s^{-1}）；

x ——位错所包含的离子平均数；

J ——电流密度（A/m^3）；

t ——电流作用时间（s）；

n_e ——自由电子密度（pcs/m^3）；

γ ——电导率（S/m）；

k ——玻耳兹曼常量（J/K），k=1.38×10^{-23} J/K；

T ——温度（K）。

3.3 电塑性效应中应变速率变化量的算例

式（3-14）与第 2 章中式（2-38）的推导结果相类似，在电流作用时间内，金属塑性变形过程中应变速率 $\dot{\varepsilon}$ 发生了变化，进而导致了金属流动应力的变化。有电流作用时的金属应变速率由外力和电流两个因素来实现，此时外力所引起的应变速率为 $\dot{\varepsilon}_{Fe} = \dot{\varepsilon} - (\dot{\varepsilon}_e - \dot{\varepsilon})$，其中 $\dot{\varepsilon}_e - \dot{\varepsilon}$ 是电塑性效应所引起的应变速率增加值。

拟对电塑性拉伸状态下铜丝的流动应力进行计算。参数条件为：温度 T=291 K；应变速率为 $\dot{\varepsilon}$=2.5 s^{-1}。此时，对处于拉伸状态下的铜丝通入一个单脉冲电流，脉冲宽

度为 $t = 60\ \mu s$，电流密度为 J=95 A/mm^2。其他各参数的选取办法如下：

（1）构成位错的离子平均个数的选取。根据侵蚀图像退火良好的晶体中位错线长度大约为 1×10^{-5} m[107]，铜的晶格常数为 0.362×10^{-9} m，因此位错线所包含的原子数目为 27600 个，即 x=27600。

（2）铜丝自由电子密度 n_e 值的选取。选取常规条件下铜的电子密度为 n_e=8.49×10^{28} pcs/m^3。

（3）铜金属电导率 γ 值的选取。考虑到单脉冲电流作用下铜的温升不大，选取常温下纯铜的电导率值为 γ =6.45×10^7 S/m。

公式中各参数的取值见表 3-1。

表 3-1　公式中各参数取值

应变速率 $\dot{\varepsilon}$ /s^{-1}	位错离子数 x / pcs	作用时间 t / s	电子密度 n_e/（pcs/m^3）	玻尔兹曼常量 k /（J/K）	温度 T / K	电导率 γ /（S/m）
2.5	2.76×10^4	6×10^{-5}	8.49×10^{28}	1.38×10^{-23}	291	6.45×10^7

将上述各参数值代入式（3-14）中，经计算可得电流作用下的金属应变速率为 $\dot{\varepsilon}_e = 4.93\ \text{s}^{-1}$，此时由外力所引起的应变速率值为 $\dot{\varepsilon}_{Fe} = \dot{\varepsilon} - (\dot{\varepsilon}_e - \dot{\varepsilon}) = 0.07\ \text{s}^{-1}$，该结果表明电流降低了由外力所引起的应变速率值，宏观上将体现为电塑性效应中金属流动应力的降低。

3.4　公式的分析与讨论

本章公式推导的理论依据为自由电子理论，自由电子理论虽然可以极其简明地阐述金属的电子导电性及其他一些传输性质，但当再深入地研究这些现象的实质时就会遇到很多困难，如对金属的电子导电性的定量研究方面，往往会设定一些假设条件，得到的结果也会与实验结果相差甚远。

应该指出的是，虽然经典自由电子理论能给我们一个金属中电子导电的微观图像，不能给出满意的定量结果，但对电流引起的一些物理现象却可以给出简单合理的解释，如经典电子理论很好地解释了欧姆定律和焦耳定律。同样，尽管自由电子理论在金属电塑性效应的定量研究上可能无法取得令人满意的结果，但利用推导结果却可以定性地描述电塑性效应中应变速率变化与金属物理参数之间的关系，对不同金属间电塑性效应的差别以及金属物理参数对电塑性效应的影响给出合理解释。

依据式（3-14）可得电塑性效应与金属物理参数之间的关系如下：

（1）金属应变速率的改变量随电导率 γ 的增加而减小，这说明金属越易导电，电子受阻力越小，电子在移动过程中消耗的能量越少，转化为离子的能量就越小，故电塑性效应越小。结合式（3-5）可得出金属应变速率的改变量随单位体积的自由电子数 n_e、电子电荷 e 和电子的平均自由程 $\bar{\lambda}$ 的增大而减小，而随电子热运动的平均速度 $\bar{u}$ 和电子质量 m 的增大而增大。

（2）金属应变速率的改变量随单位体积的自由电子数 n_e 的增加而减小，这是因为电流密度一定时电子数越多，电子的定向移动速度越小，每次碰撞传递给离子的能量也越小，故电塑性效应越小。

（3）金属应变速率的改变量随形成晶格排列线缺陷（位错）的离子数目 x 的增加而增加，这是因为构成位错的离子数目越多，该位错与电子碰撞的概率越大，位错获得的能量也越大，故电塑性效应越大。

（4）金属应变速率的改变量随电流作用的时间 t 的增加而增加，这是因为电流作用时间越长，电子与离子碰撞的次数越多，离子获得的能量也越多，故电塑性效应越大。但电流作用时间所引起的电塑性效应不会持续升高，这是因为这期间会产生焦耳热的释放，使得能量的累积效果减弱。

本章依据自由电子理论和位错热激活塑性变形理论对金属电塑性效应的微观机理进行了探讨和研究，推导了电流作用下金属应变速率计算公式，得出了电子电荷、电子质量和自由电子数目等微观参量对电塑性效应的影响规律，为从微观层面对电塑性效应机理的研究提供了参考依据。

本章的推导结果表明，金属的电塑性效应随着电流密度、电流作用时间和构成位错的离子平均个数的增加而增加，随着电子密度、电导率和温度的增加而减小。

最后需要指出的是，应用自由电子理论只能对金属电塑性效应进行定性分析，而不能得出令人满意的定量结果。严格来讲，要了解固体中的电子状态，必须应用量子理论，写出晶体中所有相互作用着的离子和电子系统的理论方程式，并求出它们的解，才能得到正确的结果。

第 4 章　基于量子理论的电塑性效应研究

本章基于量子理论研究电流作用下电子与金属离子之间的碰撞过程，推导碰撞过程中所产生的能量交换的理论计算公式，进而得出电流作用下金属塑性变形过程中位错滑移所需激活能的改变量，然后利用位错热激活过程的应变速率公式，得出电流对金属应变速率的影响。

依据量子力学，金属中的电子能量是量子化的。金属电子占据这些能级的时候，需遵循泡利不相容原理，从低到高依次填充各个能级。在电流的作用下，电子的能量增加，电子在定向漂移过程中受到散射的作用，将能量转移给散射体。散射过程同样不能违背不相容原理，所以电子必然散射到空态中。因此被散射的电子只能是能量最大的那些电子。这也就是说，在金属电塑性变形过程中，能与晶格错排离子（位错）碰撞后交换能量的电子仅仅是具有最大能量的电子。当晶格错排离子获得能量后，引起位错滑移所需的激活能发生变化，提高了位错依靠热激活过程越过障碍势垒进行滑移的概率，进而提高了位错滑移的速率，改变了金属宏观的应变速率，对金属的流动应力产生了影响。

本章首先阐述了金属电子的量子理论，研究温度对电子能量状态的影响，得出常温下具有最大能量的电子数目，结合量子导电理论，研究电场力作用下的电子定向漂移过程，计算电子在弛豫时间内能量的增加值。其次，基于泡利不相容原理，得出在散射过程中能够参与能量交换的电子数目，以及这些电子在散射过程中转移给构成位错的离子的能量大小。最后，理论计算该能量对位错滑移热激活过程的影响，推导电流作用下金属应变速率值的计算公式。

4.1　金属电子的量子论

1905 年，爱因斯坦依据普朗克的量子假设提出了光子理论，认为光是由一种粒子，即光子构成的。频率为 v 的光，其光子具有的能量为[108]

$$E = hv \tag{4-1}$$

式中　h——普朗克常量，$h = 6.6\times10^{-34}$（J • s）。

光子这种微观粒子表现出双重性质——波动性和粒子性。微观客体的波动性指它能像波那样运动传播，因此可由波场的叠加而产生干涉或衍射图形，而不像经典力学中的粒子遵循一条轨道运动；其粒子性指它和物质相互作用时采取粒子作用的方式，而不采取波场作用的方式。微观客体既不是经典物理的波，也不是经典物理的粒子。波粒二象性是沿用经典物理的术语，描述有新的本质的微观客体。

1924 年，法国物理学家德布罗意提出了一个假设，即光子的波粒二象性对于微观粒子具有普遍意义，提出了物质波假说：一个能量为 E，动量为 P 的粒子，同时也具有波性，其波长 λ 由动量 P 决定，频率 ν 则由能量 E 决定。即

$$\lambda = \frac{h}{P} = \frac{h}{mv} \tag{4-2}$$

$$\nu = \frac{E}{h} \tag{4-3}$$

式中　m ——粒子质量（kg）；

　　v ——粒子速度（m/s）。

此后，科研人员将波粒二象性理论应用于微观粒子的研究过程中，在 20 世纪初建立了量子力学。量子力学表明波粒二象性为它提供了一个理论框架，使得任何物质在一定的环境下都能够表现出这两种性质。量子力学认为自然界所有的粒子，如光子、电子或是原子，都能用波粒二象性理论来描述。

4.2　电子的能量状态

依据量子力学，金属中的电子能量是量子化的[109]。金属电子占据这些能级的时候，需遵循泡利不相容原理，一个能级至多能容纳两个电子，因此在填充能级的时候，有两个电子填充最低能级，再有两个填充次低能级，直至金属的所有电子被填充完，被占据的最高能级为费密能级。因此金属在绝对零度时，电子系统也具有相当大的能量，所有低于费密能的能级全部被填满，而高于费密能的能级则完全空着。当温度升高时，热能将激发电子，但该能量并不是均等地分配给所有电子的，这是因为能量比费密能级低得多的电子不可能吸收能量，如果吸收能量的话，就要向那些已被占据的较高能级跳跃，这是与泡利不相容原理相违背的。因此在有限的温度变化范围内（金属熔点以下），虽然自由电子都受到热激发，但只有能量在费密能级附近范围内的电子吸收能量。

金属中的自由电子处于持续的无规则的运动状态，因此这些电子被看作自由粒子，它们的能量全部为动能，即 $E = mv^2/2$ [110]。现在引入速度空间的概念，它是以（v_x, v_y, v_z）为坐标轴的，在空间中每一个点代表一个唯一的速度（矢量）。当利用

速度空间来研究自由电子时，由于电子的速度各不相同，且杂乱无章，所以代表电子速度的点也就均匀地充满该空间，因此速度空间存在一个球，球外所有点都是空的，该球被称为费密球，其表面为费密面。该球的半径等于费密速度 v_F ，它和费密能的关系为 $E_F = mv_F^2/2$ 。费密能量的值主要取决于电子浓度，浓度越大，容纳全部电子所需的最高能级越大，因此费密能也越大。

4.2.1　绝对零度下的电子能量状态

在量子理论中，当金属处在绝对零度时，泡利不相容原理决定电子将依次从下至上填充各个能级。电子的运动状态由波矢 k_e 标识，电子填充各量子态，从电子能量最低（ $k_e = 0$ ）到电子能量最高（ $k_e = k_{e0}$ ），此时能量为 E_0，为一等能面。由于每个量子态可容纳两个电子，所以等能面内所包含的量子态等于电子总数的一半。依据电子理论 $E(k_e) = h^2 k_e^2 / (2m)$，则绝对零度时的能量 $E_0 = h^2 k_{e0}^2 / (2m)$，此时等能面为一球面，该球面所包含的体积 V_F 为[111]

$$V_F = \frac{4\pi}{3} k_{e0}^3 = \frac{4\pi}{3} \left(\frac{2mE_0}{h^2} \right)^{3/2} \tag{4-4}$$

该体积内包含的状态数为

$$n_F = 2 \times \frac{4\pi}{3} \left(\frac{2mE_0}{h^2} \right)^{3/2} \times \rho_k \tag{4-5}$$

式中　ρ_k——量子态在 k_e 空间的分布密度。

在绝对零度时，费密球内部的量子态被电子充满，此时的自由电子总数 N_e 为

$$N_e = n_F = 2 \times \frac{4\pi}{3} \left(\frac{2mE_0}{h^2} \right)^{3/2} \times \rho_k \tag{4-6}$$

将式（4-6）整理后得在绝对零度时的费密能为[111]：

$$E_0 = \frac{h^2}{2m} \left(\frac{3}{8\pi} \frac{N_e}{\rho_k} \right)^{2/3} \tag{4-7}$$

4.2.2　温度对电子能量状态的影响

金属中自由电子的能量是量子化的，构成准连续谱，具有一系列确定的本征态，有不同的波数标识。这样一个系统的宏观态就可以用电子在这些本征态间的统计分布来描述。对于系统的平衡态，依据费密统计的原理将其归结为一个完全确定的费密统计分布函数。理论和实验证明，金属中的大量自由电子服从费密-狄拉克统计规律来

占据这些能级。具有能量为 E 的状态被电子占有的概率 $f(E)$ 由费密-狄拉克分配率决定。费密分布函数可表示为[111]

$$f(E)=\frac{1}{\exp[(E-E_F)/kT]+1} \tag{4-8}$$

式中　$f(E)$ ——费密分布函数；

　　　E_F ——费密能（J）。

费密分布函数具有如图 4-1 所示的形式。当 $E=E_F$ 时，$f(E)=1/2$；当 E 比 E_F 高几个 kT 时，$\exp[(E-E_F)/kT]\gg 1$，$f(E)\approx 0$，表明这样的本征态基本上是空的。当 E 比 E_F 小几个 kT 时，$\exp[(E-E_F)/kT]\ll 1$，$f(E)\approx 1$。

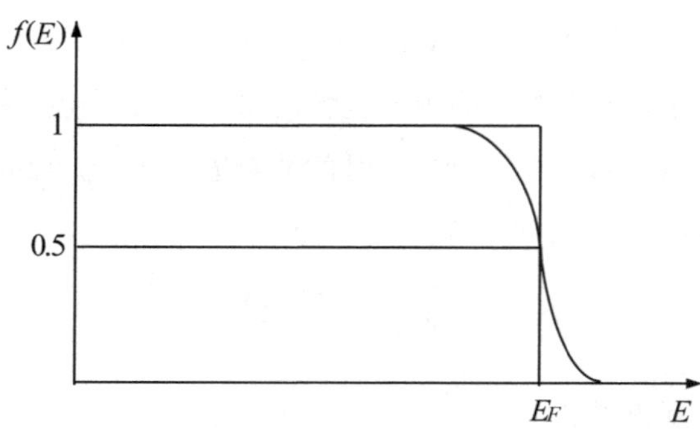

图 4-1　费密分布函数曲线图

费密分布函数 $f(E)$ 在上下几个 kT 范围由 1 变为 0。当温度趋于绝对零度时，上下几个 kT 范围的变化区域趋于零，此时 E 大于 E_F 的状态都是空的，E 小于 E_F 的状态将被电子完全填满。当温度升高时，热能要激发电子，但该能量并不是均等地分配给所有电子，这是因为能量比费密能级低得多的电子不可能吸收能力，如果吸收能量的话，就要往那些已被占据的较高能级跳，这是与泡利不相容原理相违背的。另外，由于绝对零度时的费密能等能面以内的状态已填满，电子的热激发只能从等能面以内的状态转移到等能面以外的状态。

设能量 E 和 E+dE 之间的能态数目为 ΔZ，定义能态密度 ρ_E 为

$$\rho_E=\lim_{\Delta E\to 0}\frac{\Delta Z}{\Delta E} \tag{4-9}$$

则在能量 E 和 E+dE 之间的量子态数目为 $\rho_E \mathrm{d}E$，依据费密分布函数 $f(E)$ 为这些量子态可能被占据的概率，得出在能量 E 和 E+dE 之间的统计平均电子数目为 $f(E)\rho_E \mathrm{d}E$。系统中电子总数 N_e 为

$$N_e = \int_0^\infty f(E)\rho_E \mathrm{d}E \tag{4-10}$$

将式（4-8）代入式（4-10）中，并引入一个函数 $Q(E)=\int_0^E \rho_E \mathrm{d}E$，表示能量在 E 以下的量子态总数，对式（4-10）采用分部积分，并整理得[111]

$$N_e = Q(E_F) + \frac{\pi^2}{6} Q''(E_F)(kT)^2 \tag{4-11}$$

将式（4-11）中的 $Q(E_F)$ 在 E_0 附近展开并取前两项，用 $Q''(E_0)$ 近似替代 $Q''(E_F)$，得

$$N_e = Q(E_0) + Q'(E_0)(E_F - E_0) + \frac{\pi^2}{6} Q''(E_0)(kT)^2 \tag{4-12}$$

在绝对零度时 $E_F = E_0$，则 $N_e = \int_0^{E_0} \rho_E \mathrm{d}E$，依据函数 $Q(E)$ 的定义，$N = Q(E_0)$，将式（4-12）整理得

$$E_F = E_0 - \frac{\pi^2}{6}\left(\frac{Q''}{Q'}\right)_{E_0}(k_b T)^2 = E_0\left\{1 - \frac{\pi^2}{6E_0}\left[\frac{\mathrm{d}}{\mathrm{d}E}\ln Q'(E)\right]_{E_0}(kT)^2\right\} \tag{4-13}$$

依据函数 $Q(E)$ 的定义，$Q'(E) = \rho_E$，由式（4-13）可得

$$E_F = E_0\left\{1 - \frac{\pi^2}{6E_0}\left[\frac{\mathrm{d}}{\mathrm{d}E}\ln \rho_E\right]_{E_0}(kT)^2\right\} \tag{4-14}$$

利用式（4-14）可以计算温度对费密能的影响。一般来讲，在常温下，由于 E_0 一般仅为几个电子伏，在 kT/E_0 仅为 1%的数量级。所以 E_F 和 E_0 十分接近，此时几乎可以忽略温度对电子能量的影响。

$\rho_E \mathrm{d}E$ 为能量 E 和 E+dE 之间的量子态数目，$f(E)$ 为这些量子态可能被占据的概率，故 $f(E)\rho_E \mathrm{d}E$ 为能量 E 和 E+dE 之间的统计平均电子数目，占据该量子态的电子的能量为 E，故 $Ef(E)\rho_E \mathrm{d}E$ 为能量 E 和 E+dE 之间的电子能量。因此固体中电子的总能量为

$$U = \int_0^\infty Ef(E)\rho_E \mathrm{d}E \tag{4-15}$$

引入函数 $R(E) = \int_0^E E\rho_E \mathrm{d}E$，表示 E 以下的量子态被电子充满时的总能量。对式（4-15）采用分部积分，并整理得[111]

$$U = R(E_0) + \frac{\pi^2}{6} R'(E_0)(kT)^2 \left\{-\left[\frac{\mathrm{d}}{\mathrm{d}E}\ln \rho_E\right]_{E_0} + \left[\frac{\mathrm{d}}{\mathrm{d}E}\ln R'(E)\right]_{E_0}\right\} \tag{4-16}$$

根据 $R(E)=\int_0^E E\rho_E \mathrm{d}E$ 可得

$$R'(E)=E\rho_E \tag{4-17}$$

将式（4-17）代入式（4-16）中得

$$U=R(E_0)+\frac{\pi^2}{6}\rho_{E0}(kT)^2 \tag{4-18}$$

根据 $R(E)$ 的定义，$R(E_0)$ 为绝对零度时电子的总能量，则式（4-18）中的第二项为热激发能。由费密分布函数可知，受热激发而发生能量改变的区域大体上只能在 kT 的范围内发生，ρ_{E0} 为绝对零度时电子的能态密度，因此在能量为 kT 范围内的电子数目为 $\rho_{E0}(kT)$，即当温度为 T 时，受热激发而发生能量改变的电子数目为 $\rho_{E0}(kT)$。由此也可知每个电子获得的能量约为 $\pi^2 kT/6$。

在金属固体中，尽管电子的能量是量子化的，但是电子能量是非常密集的，形成准连续分布，因此标明其中的每个能级是没有意义的。为了描述这种情况下的能级分布状况，引入了能态密度的概念。

在 k 空间内，对应不同的波矢 k_e 值可以作出不同的等能面，在等能面 E 和 $E+\mathrm{d}E$ 之间的能量状态数即为 ΔZ，又因为能量的量子态在 k 空间内分布是均匀的，量子态密度为 ρ_k，所以 ΔZ 等于量子态密度与等能面 E 和 $E+\mathrm{d}E$ 之间体积的乘积。参照图 4-2，等能面之间的体积可以表示为体积元 $\mathrm{d}s\mathrm{d}k$ 在等能面上的积分，由此能量状态数 ΔZ 可表示为

$$\Delta Z=\rho_k \times \int \mathrm{d}s\mathrm{d}k \tag{4-19}$$

式中　$\mathrm{d}s$——面微元（m^2）；

$\mathrm{d}k$——两等能面之间的垂直距离（m）。

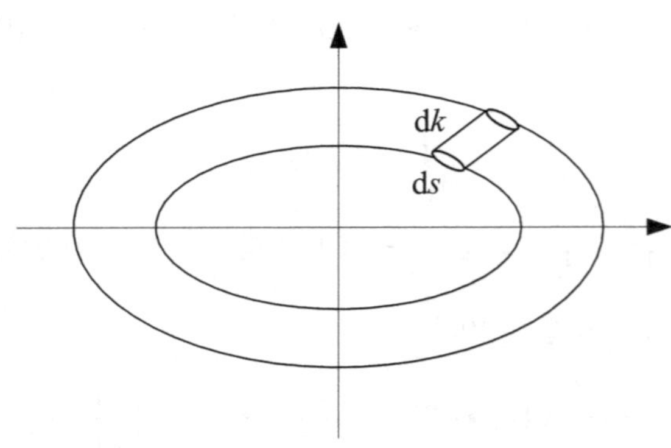

图 4-2　能态密度计算微元示意图

引入沿法线方向能量的改变率 ∇E，显然 $\mathrm{d}k \times \nabla E = \Delta E$，因此式（4-19）可写为

$$\Delta Z = \rho_k \times \int \frac{\mathrm{d}s}{\nabla E} \Delta E \tag{4-20}$$

进而得到能态密度的一般表达式为

$$\rho_E = \rho_k \int \frac{\mathrm{d}s}{\nabla E} \tag{4-21}$$

由于电子可以取正、负两种状态，因此能态密度加倍，即

$$\rho_E = 2\rho_k \int \frac{\mathrm{d}s}{\nabla E} \tag{4-22}$$

对于自由电子而言，在 k 空间内 $E(k) = h^2 k^2 / (2m)$，等能面为球面，该球面半径为 $k = \sqrt{2mE}/h$，在球面上沿法线方向上的改变率

$$\nabla E = \frac{\mathrm{d}E}{\mathrm{d}k} = \frac{h^2 k}{m} \tag{4-23}$$

因为 ∇E 为一常数，所以式（4-22）可改写为[111]

$$\rho_E = 2\rho_k \int \frac{\mathrm{d}s}{\nabla E} = \frac{2\rho_k}{\nabla E} \int \mathrm{d}s = 2\rho_k \frac{m}{h^2 k} 4k^2 \pi = 4\pi \rho_k \frac{(2m)^{3/2}}{h^3} E^{1/2} \tag{4-24}$$

综合考虑能态密度公式（4-24）和绝对零度时的费密能表达式（4-7），可得绝对零度时电子的能态密度

$$\rho_{E0} = \frac{3}{2} \frac{N_e}{E_0} \tag{4-25}$$

至此，我们得到了当温度升高时，受热激发而能量升高的电子数目 N_T，即当温度为 T 时，具有最大能量的电子数目的具体表达式，即

$$N_T = \rho_{E0} kT = \frac{3}{2} \frac{N_e}{E_0} kT \tag{4-26}$$

式中　ρ_{E0} ——绝对零度时电子的能态密度（pcs/J）；

K ——玻耳兹曼常量（J/K）；

T ——温度（K）；

N_e ——自由电子总数（pcs）；

E_0 ——绝对零度时的费密能（J）。

4.3　量子导电理论

在电流的作用下，电子不断加速，电流随时间不断增大。但根据欧姆定律，一个恒定的电场产生一个恒定的电流，也就是说，当加上一个电场时，金属中的自由电子

获得一个平均的恒定的漂移速度。因此一定存在某种机制使得在电场作用下的电子不至于无限制地加速，即散射。散射可阻碍电子的运动，电子沿一特定的方向运动，具有波数 k_e，散射后它沿不同的方向运动，具有不同的波数 k_e'，散射引起了 k_e 值的跃迁，在跃迁中，若干能量被转移给散射体。因为散射不能违背泡利不相容原理，所以电子必然散射到空态中。因此被散射的电子只能是能量最大的那些电子。这些空态具有相反的动量和较小的能量。能量最大的电子频繁地反转它们运动的方向，从而抑制电场的加速作用，向左和向右运动的电子的数目保持一统计上恒定的差值，因而产生一稳态电流。电子的散射既能说明欧姆定律，又能说明焦耳热效应。焦耳热效应的产生就是由于能量被转移给散射体而释放出来[112]。

依据德布罗意假设可得

$$E=\frac{h^2}{2m\lambda^2}=\frac{\hbar^2}{2m}k_e^2 \tag{4-27}$$

式中　$\hbar$——约化普朗克常量。

此时的电子的速度为 $\upsilon=\hbar k_e/m$。能量 E 为波数 k_e 的偶函数，即 $E(k_e)=E(-k_e)$，而电子速度为波数 k_e 的奇函数，即 $\upsilon(-k_e)=-\upsilon(k_e)$，该式表明，波数 k_e 的状态和波数 $-k_e$ 的状态中电子的速度大小相等且方向相反。在没有外加电场时，电子占据某个状态的概率只与该状态的能量 E 有关，而能量 $E(k_e)$ 是 k_e 的偶函数，电子占据 k_e 状态的概率等于它占据 $-k_e$ 状态的概率。因此这两个状态的电子电流互相抵消，晶体中的总电流为零，如图 4-3 a）所示。如果外加上一电场，则所有的电子都在与电场相反的方向上受到一个力，设 F 是作用在电子上的力，则在时间 $\mathrm{d}t$ 内 F 所作的功为 $F\upsilon\mathrm{d}t$。这使得电子的能量力产生一个变化 $\mathrm{d}E$。依据群速度的定义为：$\upsilon_g=\mathrm{d}w/\mathrm{d}k_e$[113]，引入 $E=\hbar w$，得到一个以能量 E 和波数 k_e 为中心的波包所表示的电子速度为：$\upsilon=\mathrm{d}E/\hbar\mathrm{d}k_e$，将该式代入 $\mathrm{d}E=F\upsilon\mathrm{d}t$ 式中得 $F=\hbar\mathrm{d}k_e/\mathrm{d}t$。根据该式在外场作用下，电子的 k_e 值沿力的方向增加，结果金属中的电子呈不对称分布，此时沿一个方向运动的电子，比沿相反方向运动的电子多，所以金属中产生一净电流，如图 4-3 b）所示。

有电场存在时，在外力 F 的作用下（$F=-eE_d$），$\mathrm{d}t$ 时间内电子获得的能量 $\mathrm{d}E$ 等于外力所做的功，即 $\mathrm{d}E=F\upsilon\mathrm{d}t$，从而得到

$$F=\hbar\frac{\mathrm{d}k_e}{\mathrm{d}t} \tag{4-28}$$

进一步得

$$\frac{\mathrm{d}k_e}{\mathrm{d}t}=-\frac{eE_d}{\hbar} \tag{4-29}$$

上式表明，在电场的作用下，整个分布将在 K 空间以上述速度移动，设电子的弛豫时间为 τ ，则在弛豫时间内电子波数的增加量为 $\tau\frac{eE_d}{\hbar}$ ，电子能量的增加量为

$$\Delta E=\frac{\tau^2e^2E_d^2}{2m^*} \tag{4-30}$$

式中　τ ——电子的弛豫时间（s）；

e ——电子电荷（C）；

m^* ——电子有效质量；（kg）

E_d ——电场强度（N/C）。

在式（4-30）引入了电子有效质量的概念，有效质量并不代表真正的质量，而是代表能带中电子受外力时，外力与加速度的一个比例系数，它可以更好地表征运动状态下的电子质量。综上所述，在室温时，温度的热激发作用引起的电子能量的改变量很小，电场作用下，具有最大能量的电子数目为 $\rho_{E0}(kT)$，这部分电子的能量变化量为 ΔE 。在没有电流作用下的金属塑性变形过程中，电子与离子发生碰撞，由于泡利不相容原理，这种碰撞并不发生能量的改变，如图 4-3 a）所示；在电塑性变形过程中由于电场的存在，改变了电子的对称分布状态，如图 4-3 b）所示，此时电子能量存在了空态，电子与离子发生碰撞后就产生能量的交换，能量的交换量为 ΔE 。受泡利不相容原理限制，在弛豫时间内参与能量交换的电子数目为 $\rho_{E0}(kT)/2$ 。电子能量状态变化如图 4-3 所示[110]。

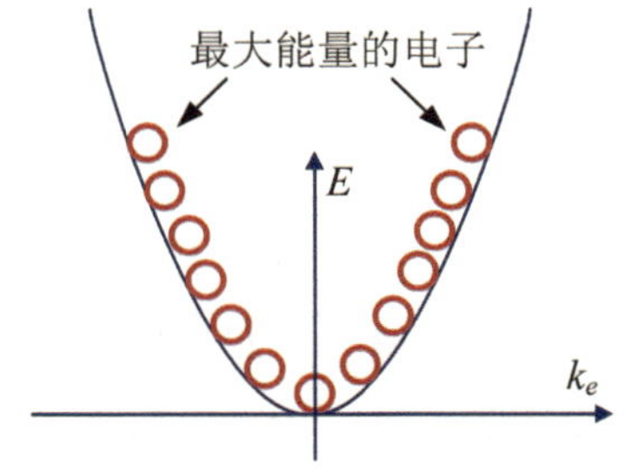

a）无电场时的电子能量分布

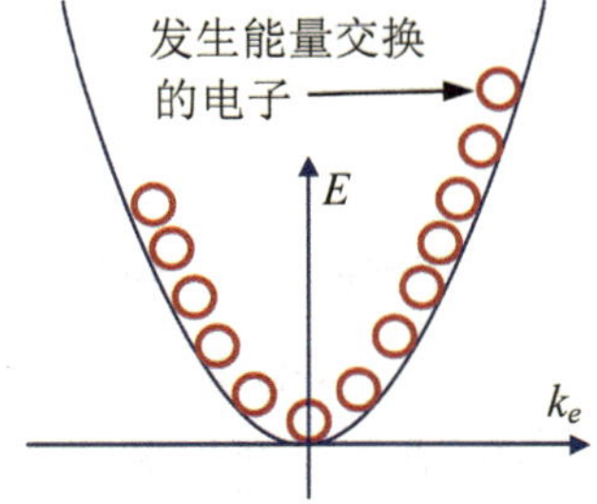

b）有电场时的电子能量分布

图 4-3　电子能量变化示意图

在理想的规则排列的原子的周期场中，电子的能量不会发生跃迁。实际上由于原子热振动和点阵缺陷的存在，原子偏离格点，引起了电子在定向漂移过程中能量的跃迁。由原子热振动所引起的电子能量的变化，即晶格散射，这种散射与温度有关。点

阵缺陷如间隙原子、杂质和位错等引起的电子散射与温度无关[112]。在弛豫时间内参与能量交换的电子数目为 $\rho_{E0}(kT)/2$ 。在电子的定向漂流过程中，离子热振动和离子错排等因素导致晶体势场偏离周期场，从而引起了电子能量的跃迁，为了简化计算过程并使得方程式具有实际可用性，这里采用自由电子气体模型理论，认为电子与离子碰撞的概率是相等的，当不考虑由于间隙原子和杂质等因素所引起的电子散射时，离子得到能量的概率为 $\rho_{E0}(kT)/(2N)$ ， N 为金属内离子的数目。

4.4 电流作用下位错激活能的改变量

依据费密-狄拉克统计理论，参照图 4-3，在能量最高的能带中，电子的能量从能带的底部一直排列到费密能量，这样的能带被称为未填满能带。在外电场的作用下，未填满中的电子的波矢分布会向外电场的负方向偏移，由于碰撞的存在，在碰撞的过程中，能够与离子交换能量的电子会将自身的部分能量传递给离子，碰撞后，电子的统计分布又会回到平衡的分布状态。受泡利不相容原理限制，电子传递给离子的能量只能为 ΔE 。室温下，在金属塑性变形过程中，当有外电场存在时，电子与错排离子（位错）相碰撞，位错获得能量，该能量即为位错滑移所需激活能的改变量。设金属内部每条位错所包含的离子数目为 x 个，每一次碰撞电子传递给离子的能量为 ΔE ，则在弛豫时间内位错获得的能量 P_τ 为

$$P_\tau = \frac{x\rho_{E0}(kT)}{2N}\Delta E \tag{4-31}$$

在电流作用的时间 t 内，电子与离子碰撞的次数为 t/τ ，因此在电流作用的时间 t 内，位错获得的能量 P_t 为

$$P_t = \frac{x\rho_{E0}(kT)}{2N}\Delta E\frac{t}{\tau} \tag{4-32}$$

假定能量 P_t 优先用于改变位错滑移所需的激活能，若位错离子获得的能量能够克服障碍，则位错滑移，该能量消耗在滑移过程中，此时该能量即为位错热激活能的改变量；若位错不滑移，该能量就以焦耳热的形式释放出来，体现为金属的电热效应。

由位错热激活应变速率理论有

$$\dot{\varepsilon} = \dot{\varepsilon}_0 \exp\left(\frac{-\Delta H}{kT}\right) \tag{4-33}$$

将式（4-32）叠加到式（4-33）中，可得外电场存在时应变速率 $\dot{\varepsilon}_e$ 为

$$\dot{\varepsilon}_e = \dot{\varepsilon}_{0e} \exp\left(\frac{-\Delta H + \frac{x\rho_{E0}(kT)}{2N}\Delta E\frac{t}{\tau}}{kT}\right) \tag{4-34}$$

式中带下脚标 e 的为施加电流后的参量。对式（4-34）、（4-33）取对数并相减得

$$\ln(\dot{\varepsilon}_e / \dot{\varepsilon}) = \ln(\dot{\varepsilon}_{0e} / \dot{\varepsilon}_0) + \frac{x\rho_{E0}}{2N}\Delta E\frac{t}{\tau} \tag{4-35}$$

采用同第 2 章同样的办法对指数前因子项进行处理，得 $\ln(\dot{\varepsilon}_{0e} / \dot{\varepsilon}_0) = \ln(\sigma^* / \sigma_e^*)$，于是有

$$\ln(\dot{\varepsilon}_e / \dot{\varepsilon}) = \ln(\sigma^* / \sigma_e^*) + \frac{x\rho_{E0}}{2N}\Delta E\frac{t}{\tau} \tag{4-36}$$

现有理论表明，电子对位错的牵引力所引起的有效应力的变化量较小，即 $\sigma^* / \sigma_e^* \approx 1$。将式（4-36）整理得

$$\dot{\varepsilon}_e = \dot{\varepsilon} \exp\left(\frac{x\rho_{E0}}{2N}\Delta E\frac{t}{\tau}\right) \tag{4-37}$$

在电流作用时间内，自由电子与形成晶格排列线缺陷（位错）的离子相互碰撞所引起的位错激活能的改变量由式（4-30）确定，将式（4-30）、（4-25）代入式（4-37）中，并引入式 $J = \gamma \cdot E_d$，整理得

$$\dot{\varepsilon}_e = \dot{\varepsilon} \exp\left(\frac{3xN_e e^2 J^2 t\tau}{8NE_0 m^* \gamma^2}\right) \tag{4-38}$$

式中　$\dot{\varepsilon}_e$ ——电流作用下的金属应变速率值（s^{-1}）；

$\dot{\varepsilon}$ ——无电流作用下的金属应变速率值（s^{-1}）；

x ——位错所包含的离子平均数；

e ——电子电荷（C）；

J ——电流密度（A/m^3）；

t ——电流作用时间（s）；

τ ——弛豫时间（s）；

N ——金属内离子的数目；

E_0 ——绝对零度时电子的费密能（J）；

N_e ——固体内的自由电子数；

m^* ——电子的有效质量（kg）；

γ ——电导率（S/m）。

4.5 电塑性效应中应变速率变化量的算例

与本书第 2 章中式（2-38）的推导结果相类似，在单脉冲电流作用时间内，电流引起了金属塑性变形过程中应变速率 $\dot{\varepsilon}$ 的变化，这势必会引起流动应力发生变化。有电流作用时的金属应变速率由外力和电流两个因素来实现，此时外力所引起的应变速率为 $\dot{\varepsilon}_{Fe}=\dot{\varepsilon}-(\dot{\varepsilon}_e-\dot{\varepsilon})$，其中 $\dot{\varepsilon}_e-\dot{\varepsilon}$ 是电塑性效应所引起的应变速率增加值。

依据式（4-38），选用纯铜的相应物理参数对铜丝电塑性拉伸时应变速率的改变量进行理论计算。铜丝的外形尺寸为长 100 mm，直径 0.6 mm，横截面积 0.283 mm^2。拉伸条件为室温 20 ℃，应变速率 $\dot{\varepsilon}$（2.5 s^{-1}）；电参数为电流密度 3000 A/mm^2，脉冲宽度（即电流作用时间）60 μs，由于通电时间很短，试样温升很小，计算时不考虑温升对各物理参数的影响。式（4-38）中各参数的选择方法如下：

（1）形成位错的错排离子数目 x 的选取。根据现有的侵蚀图像实验结果，退火良好的金属中位错线长度大约为 1×10^{-5} m[107]，铜的晶格常数为 0.362×10^{-9} m，因此位错线所包含的原子数目为 27600 个。

（2）铜丝内电子数的选取。依据现代物理学，金属铜的电子密度为 8.49×10^{28} /m^3，经计算实验用铜丝的体积为 28.3×10^{-9} m^3，由此可得铜丝内的电子数目为 2.4×10^{21} 个。

（3）铜丝内原子数的选取。铜元素的摩尔质量为 63.5 g/mol，因此 1 g 铜中含有的原子数目为 1/63.5 mol，1 mol 数目为 6.022×10^{21}，因此 1 g 铜中含有的铜原子数目为（1/63.5）×6.022×10^{21} 个。计算中选用的铜丝质量为 0.253 g，由此可得铜丝中含有的铜原子数目为 2.4×10^{21} 个。

公式中的各参数取值见表 4-1。

表 4-1 公式中各参数取值

位错离子 x / pcs	电子数 N_e / pcs	电子电荷 e / C	弛豫时间 τ / s	离子数 N / pcs	费密能 E_0 / J	有效质量 m^* / kg	电导率 γ /（S·m^{-1}）
2.76×10^4	2.4×10^{21}	1.602×10^{-19}	2.7×10^{-14}	2.4×10^{21}	1.13×10^{-18}	1.26×10^{-30}	6.45×10^7

将上述各参数值代入式（4-38）中，计算可得 $\dot{\varepsilon}_e$（4.807 s^{-1}）。此时由外力所引起的应变速率值为 $\dot{\varepsilon}_{Fe}=\dot{\varepsilon}-(\dot{\varepsilon}_e-\dot{\varepsilon})=0.193$ s^{-1}，该结果表明电流降低了由外力所引起的应变速率值，宏观上将体现为电塑性效应中金属流动应力的降低。

4.6　公式的分析与讨论

针对某一种金属的电塑性加工过程而言，式（4-38）是以电流密度 J 和电流作用时间 t（脉冲宽度）为自变量，应变速率 $\dot{\varepsilon}_e$ 为因变量的函数关系式，利用该式可以求得单脉冲电流作用下金属应变速率值的改变量。从式（4-38）可以看出电流的作用使得金属的应变速率值由 $\dot{\varepsilon}$ 变化为 $\dot{\varepsilon}_e$，进而影响了金属的流动应力，体现为宏观的金属电塑性效应，即电流导致了金属流动应力的降低。

式（4-38）体现了金属的电塑性效应与金属物理参量和电参量的关系，公式表明金属的应变速率的变化量随着位错线所包含的离子平均数 x、金属内的自由电子数 N_e、电流密度 J、电流作用时间 t 和弛豫时间 τ 的增加而增加，这是因为：

（1）位错线所包含的离子数越多，与电子相碰撞并交换能量的概率也越大，这会使得位错滑移激活能的改变量增大，进而提高位错利用热激活越过障碍势垒而进行滑移的概率。

（2）金属内的自由电子数越多，与构成位错的离子相碰撞的概率越大，碰撞的次数越多，位错获得能量的概率也越大。

（3）当电导率一定时，电流密度越大，电场强度越大，自由电子在弛豫时间内受到的电场力也越大，使得自由电子在弛豫时间内能量会得到较大的增加，在与构成位错的离子相碰撞时可以传递给离子较多的能量。

（4）电流作用的时间越长，自由电子与离子相碰撞的次数越多，位错获得能量的概率也越高。但这并不意味着位错的能量会随着电流作用的时间持续增加，因为这里还存在着电热效应。如果位错的障碍势垒较高，几次碰撞都不能使得位错借助热激活过程滑移时，电流导致的金属离子能量的升高会以热的形式释放出来，当达到热平衡时，位错的能量不再随电流作用时间的增加而改变。

（5）弛豫时间越长，自由电子在自由程内所获得的能量越大，在与散射体碰撞时能量的交换量也越大。在自由电子与构成位错的离子碰撞概率不变的情况下，位错可以获得较大的能量。

此外，式（4-38）表明金属的电塑性效应随着金属内离子的数目 N、绝对零度时电子的费密能 E_0、电子的有效质量 m^*、电导率 γ 的增大而减少，这是因为：

（1）当金属内自由电子数目不变而离子的数目位错增加时，离子受到自由电子碰撞并获得能量的概率就会降低，同样，构成位错的离子获得能量的概率也会降低，导致位错热激活滑移的概率降低。

（2）在熔点温度以下时，有电流作用时的具有最大能量的自由电子数目（也就是与离子相碰撞时可以交换能量的自由电子数目）与绝对零度时电子的费密能成反比，即绝对零度时电子的费密能越大，可与离子交换能量的自由电子数目越小，这将降低位错获得能量而进行热激活滑移的概率。

（3）依据量子导电理论，电子的有效质量与电场作用下电子能量的增加量成反比，因此随着电子有效质量的增大，在弛豫时间内电子获得的能量减少，在碰撞过程中传递给离子的能量也越小。

（4）电导率表征着金属的导电能力，电导率越大越易导电，电子受阻力越小，电子在移动过程中消耗的能量越少，转化为离子的能量就越小。从电导率与电场强度的关系来看，当电流密度一定时，电导率越大，电场强度越小，在相同的弛豫时间内，自由电子所获得的能量也越小。

在公式的推导过程中，依照式（4-14），温度升高时，热激发对电子能量的影响不大，因此没有考虑温度的升高对电子能量及其能态分布的影响，但是温度升高对式（4-30）的一些物理参数会产生较大的影响，如当温度升高时电导率会降低，弛豫时间会缩短，二者对于电塑性效应的影响是相反的，所以温度的升高对电塑性效应的影响是否有利，要取决于不同金属这两种物理参数对温度影响的敏感性。

式（4-38）没有表明不同的应变程度对金属电塑性效应的影响，从金属塑性变形的位错滑移理论上分析，构成位错的离子平均数 x 会随着金属变形量的增加而发生变化。这是因为金属的变形量越大，位错的塞积、增殖和割阶现象会越来越多，这会使得位错的钉扎点增多，从而缩短了位错线的平均长度，降低了金属的电塑性效应。但由于现有理论无法计算位错线的长度随应变程度的变化关系，因此在公式的推导过程中没有考虑应变程度对金属电塑性效应的影响。

在计算电子与离子间能量交换时，没有考虑碰撞的具体情况，而是利用图 4-2，从泡利不相容原理的角度来研究能量的交换量，这样的思路是基于在大量的微观粒子行为的统计平均的研究方法。另外，现有的固体物理学研究表明[111]，电子的散射过程能量是不守恒的，包含了声子的吸收和发射的过程，由于声子的能量很小，只有1%电子伏的数量级，因此在理论推导过程中认为散射过程能量是守恒的。

本章基于量子理论研究了金属电塑性效应发生时，自由电子与金属离子之间碰撞后产生能量交换的过程，推导了电流导致位错滑移激活能改变量的理论计算公式，进而利用位错滑移应变速率公式得出了电流作用下金属应变速率的计算公式。最后研究了单脉冲电流的电流密度、脉冲宽度以及不同金属的物理参数对应变速率变化量的影响。主要结论如下：

（1）电流的作用使得金属塑性变形过程中由外力产生的应变速率发生了变化，进而导致了金属流动应变的降低。

（2）电流导致金属流动应力的降低值随着位错线所包含的离子平均数 x、金属内的自由电子数 N_e、电流密度 J、电流作用时间 t 和弛豫时间 τ 的增大而增大。

（3）电流导致金属流动应力的降低值随着金属内离子的数目 N、绝对零度时电子的费密能 E_0、电子的有效质量 m^* 和电导率 γ 的增大而减少。

（4）电流密度与金属的电塑性效应呈现 e 的指数次幂关系变化，当电流密度达到一定数值时，较小的电流密度增加可明显地提高金属的电塑性效应。

第 5 章　铜丝电塑性拉伸过程的本构方程及实验研究

前文关于金属电塑性效应机理的研究结果表明，电流导致金属流动应力降低的原因是电流对金属塑性变形过程中的应变速率产生了影响。由于应变速率的变化无法通过实验直观地显示出来，为了验证理论推导结果，本章探求通过测量电流作用下金属流动应力值的办法，间接显示电流对应变速率的影响。

首先，利用热拉伸机对纯铜丝（纯度 99.987%）进行无电拉伸实验，获得铜丝的流动应力与应变量、应变速率和温度的关系数据，建立铜金属的塑性流动应力的数学模型，根据实测数据对数学模型中的各系数进行多元非线性回归，求出数学模型中的各系数值，得到本构方程，并利用方差检验的方法验证回归方程的显著性。然后，在本构方程中叠加电流对应变速率和温度的影响，这样就可以得到电流作用下铜金属拉伸变形过程的流动应力计算方程式。

其次，利用脉动微力材料实验机对铜丝进行电塑性拉伸实验。自行研制脉冲电源装置，满足电塑性实验对电源的要求。实验中以丝材作为拉伸试样，尽可能地降低了电塑性副效应对金属流动应力的影响，同时也获得了较大的电流密度，得到更好的实验效果。

最后，将电塑性拉伸实验结果与理论计算结果进行了对比分析。

5.1　铜丝无电拉伸过程本构方程的建立

拉伸实验是在电子万能拉伸实验机上进行的，实验现场如图 5-1 所示。实验中采用辐射式加热炉对拉伸试样进行加热，利用热电偶和电子电位差计对炉内温度进行监控并控制电源开关进行实时的温度补偿。在热拉伸实验过程中，铜丝下端固定在拉伸机的机体上，上端连接拉伸机的横梁，横梁上行移动，试样产生拉伸变形。整个拉伸位于加热炉内，到达设定温度后保温 2 min，实验开始，由电子万能实验机的计算机数据采集系统显示并记录实验结果。

考虑到本书所要做的铜丝电塑性拉伸实验的实际情况，这里有针对性地对拉伸试样的尺寸、应变速率和变形温度进行了选择，拉伸试样直径为 0.6 mm 的导线用精炼电解纯铜丝（纯度 99.987%），拉伸前铜丝为退火态组织。由于拉伸试样铜丝的直径较细，实验中试样的最大变形量仅为 20%左右，同样应变速率也受此影响限制在较小的变化范围内。实验选取了三种应变速率 0.01 s^{-1}、0.001 s^{-1} 和 0.0001 s^{-1}，三种温度 20 ℃、90 ℃和 160 ℃条件下测得应力-应变曲线，如图 5-2 所示。

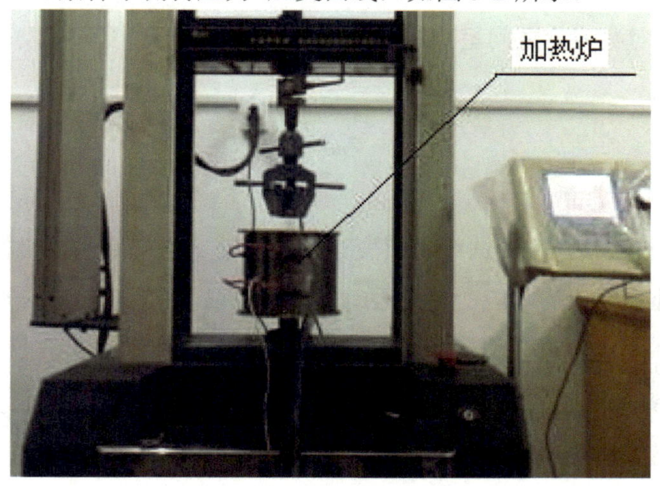

图 5-1　铜丝热拉伸实验设备

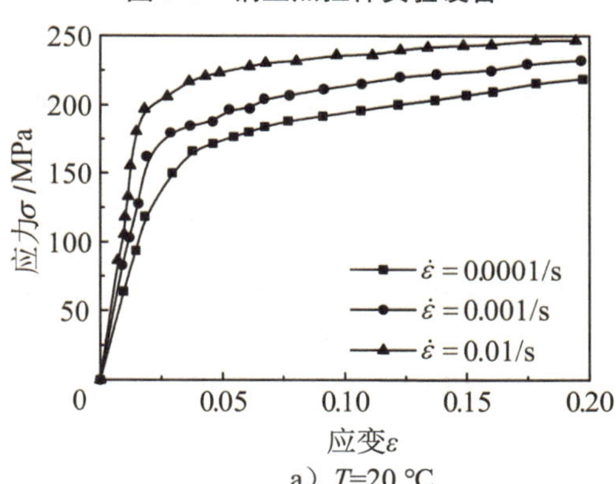

a）T=20 ℃

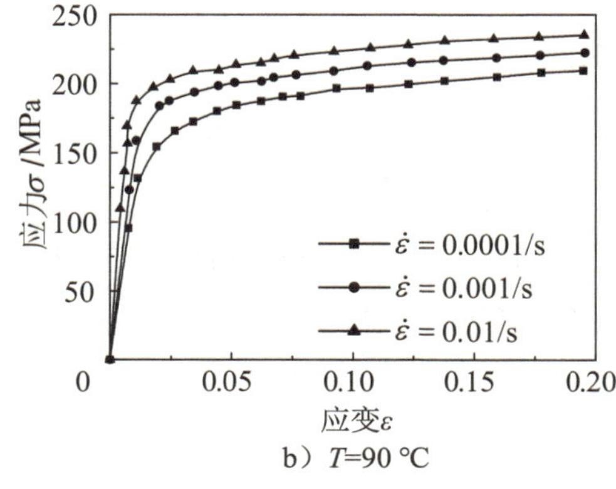

b）T=90 ℃

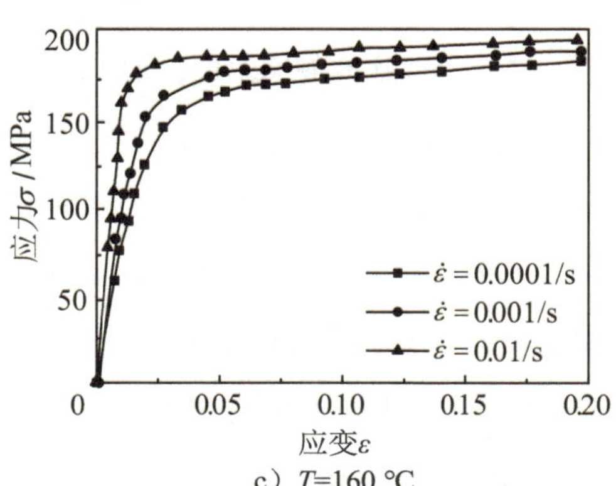

c）T=160 ℃

图 5-2　纯铜流动应力-应变曲线

现有的实验研究结果表明[114]，当变形程度和应变速率一定时，变形温度与流动应力在理论上满足指数关系$\sigma_t = \sigma_{t0}\mathrm{e}^{-AT}$，依据纯铜的拉伸实验结果，当对应力取对数时，温度与对数应力之间呈直线关系，因此可将变形温度和流动应力之间的数学关系具体表述为

$$\sigma_t = \sigma_{t0}\mathrm{e}^{A_1 + A_2 T} \tag{5-1}$$

其中，A_1和A_2为常量。

依据纯铜的应力-应变曲线，应变速率与流动应力在双对数坐标曲线图中成直线关系，所以纯铜的应力与应变速率之间的关系可以表示为

$$\ln\sigma_{\dot{\varepsilon}} = B_1 + B_2 \ln\dot{\varepsilon} \tag{5-2}$$

其中，B_1和B_2为常量。

当变形温度和应变速率一定时，应变程度与流动应力之间理论关系为

$$\sigma_\varepsilon = C_1 \varepsilon^{C_2} \tag{5-3}$$

其中，C_1和C_2为常量。

根据现有理论流动应力的计算公式可以将应变速率、应变程度和变形温度写成乘积形式[115-116]，即

$$\sigma = \sigma_\varepsilon \sigma_{\dot{\varepsilon}} \sigma_t = \sigma_0 \varepsilon^{C_2} \dot{\varepsilon}^{(B_2)} \mathrm{e}^{A_1 + A_2 T} \tag{5-4}$$

结合流动应力数学模型的应用范围和数学模型的无量纲化，将上式变形为

$$\sigma = \sigma_0 \left(\frac{\varepsilon}{\varepsilon_D}\right)^{C_2} \left(\frac{\dot{\varepsilon}}{\dot{\varepsilon}_D}\right)^{B_2} \mathrm{e}^{A_1 + A_2 \frac{T}{T_D}} \tag{5-5}$$

式中　ε_D ——基准应变程度，取$\varepsilon_D = 0.15$；

$\dot{\varepsilon}_D$ ——基准应变速率，取$\dot{\varepsilon}_D = 0.001\ \mathrm{s}^{-1}$；

T_D ——基准变形温度，取$T_D = 363\ \mathrm{K}$；

σ_0 ——基准流动应力，在基准变形条件下的流动应力值，取$\sigma_0 = 220\ \mathrm{MPa}$；

另外，C_2、B_2、A_1、A_2均为与材料和实验条件有关的待定系数。

以上采用实验数据分析结合理论推导的方式得出了纯铜流动应力的数学模型式，该数学模型体现了流动应力与应变速率、应变程度和变形温度的内在关系，该关系式是否正确有待于回归分析结果的验证。

5.1.1　实验数据的回归分析

回归分析是处理数据之间相关关系的一种统计学方法，该方法可以寻求数据之间

的统计规律。大量实验数据之间的相关关系是一种统计关系，在大量的观察后，呈现出一定的规律性，这种规律性可以借助于相应的函数关系式表达出来，即回归方程式。在回归分析中，只研究一个变量与实验指标之间相关关系的回归分析被称为一元回归分析，研究两个或两个以上变量与实验指标之间相关关系的回归分析被称为多元回归分析。依据变量与实验指标之间可以用直线关系拟合的回归分析为线性回归，相反则被称为非线性回归[117]。

处理非线性回归的基本方法是，通过变量代换，将非线性回归转化为线性回归，然后用线性回归方法处理。假定根据理论或经验，已获得输出变量与输入变量之间的非线性表达式，但表达式的系数是未知的，要根据输入输出的多次观察结果来确定系数的值。通常采用最小二乘法来求出待定系数值，由此得到的模型为非线性回归模型。

依据非线性回归分析的定义，数学模型式（5-5）是关于变量 ε、$\dot{\varepsilon}$ 和 T 的多元非线性回归方程，式中 C_2、B_2、A_1、A_2 称为回归系数，不同的自变量 ε、$\dot{\varepsilon}$、T 值代入回归方程中得到不同的 σ 值，称为回归值，可用 $\hat{\sigma}_i$ 表示。不同的自变量 ε、$\dot{\varepsilon}$、T 条件下实验所得到的不同 σ 值，称为实验值，可用 σ_i 表示。函数的回归值和实验值不一定相等，二者之间的差值称为残差。考虑到残差有正负之分，当所有的回归值和实验值之差的平方和最小时，回归方程与实验数据曲线的拟合程度是最好的。残差平方和 SS_e 可以表示为

$$SS_e=\sum_{i=1}^{n}(\sigma_i-\hat{\sigma}_i)^2=\sum_{i=1}^{n}\left\{\sigma_i-\left[\sigma_0\left(\frac{\varepsilon_i}{\varepsilon_D}\right)^{C_2}\left(\frac{\dot{\varepsilon}_i}{\dot{\varepsilon}_D}\right)^{B_2}\mathrm{e}^{A_1+A_2\frac{T_i}{T_D}}\right]\right\}^2 \tag{5-6}$$

其中，σ_i、ε_i、$\dot{\varepsilon}_i$、T_i 为已知的实验值，所以式（5-6）中 SS_e 为 C_2、B_2、A_1、A_2 的函数，为了能够使得残差 SS_e 达到极小值，依据数学理论的极值原理，只要将式（5-6）分别对 C_2、B_2、A_1、A_2 求偏导，并令各偏导值等于零，即可求得 C_2、B_2、A_1、A_2 的数值，这也就是最小二乘法的基本原理，即通过最小化误差的平方和寻找数据的最佳函数匹配。利用最小二乘法可以简便地求得未知的数据，并使得这些求得的数据与实际数据之间误差的平方和为最小。

由于在式（5-5）中，变量之间的关系不是线性的，所以应该采用非线性回归的方法。非线性回归分析最常用的方法仍然是最小二乘法，但需要依据函数的不同形式作适当的运算处理。通常人们在处理非线性方程时采用变量代换的形式将非线性的函数关系变换为线性的关系，对式（5-5）其两边取对数，得

$$\ln\sigma = \ln\sigma_0 + C_2\ln\left(\frac{\varepsilon}{\varepsilon_D}\right) + B_2\ln\left(\frac{\dot{\varepsilon}}{\dot{\varepsilon}_D}\right) + A_1 + A_2\frac{T}{T_D} \tag{5-7}$$

令 $y=\ln\sigma$， $x_1=\ln\left(\frac{\varepsilon}{\varepsilon_D}\right)$， $x_2=\ln\left(\frac{\dot{\varepsilon}}{\dot{\varepsilon}_D}\right)$， $x_3=\frac{T}{T_D}$，将式（5-7）变形为

$$y = \ln\sigma_0 + C_2x_1 + B_2x_2 + A_1 + A_2x_3 \tag{5-8}$$

这样就将式（5-5）变换为线性回归模型，就可以按照线性回归的方法进行处理。依据最小二乘法，由式（5-8）可以得到

$$\begin{cases}\dfrac{\partial SS_e}{\partial A_1} = 2\sum_{i=1}^{n}\left[(y_i - \ln\sigma_0 - C_2x_{1i} - B_2x_{2i} - A_1 - A_2x_{3i})(-1)\right] = 0\\ \dfrac{\partial SS_e}{\partial C_2} = 2\sum_{i=1}^{n}\left[(y_i - \ln\sigma_0 - C_2x_{1i} - B_2x_{2i} - A_1 - A_2x_{3i})(-x_{1i})\right] = 0\\ \dfrac{\partial SS_e}{\partial B_2} = 2\sum_{i=1}^{n}\left[(y_i - \ln\sigma_0 - C_2x_{1i} - B_2x_{2i} - A_1 - A_2x_{3i})(-x_{2i})\right] = 0\\ \dfrac{\partial SS_e}{\partial A_2} = 2\sum_{i=1}^{n}\left[(y_i - \ln\sigma_0 - C_2x_{1i} - B_2x_{2i} - A_1 - A_2x_{3i})(-x_{3i})\right] = 0\end{cases} \tag{5-9}$$

式（5-9）可进一步变形为

$$\begin{cases}\sum_{i=1}^{n}y_i = n\ln\sigma_0 + C_2\sum_{i=1}^{n}x_{1i} + B_2\sum_{i=1}^{n}x_{2i} + nA_1 + A_2\sum_{i=1}^{n}x_{3i}\\ \sum_{i=1}^{n}x_{1i}y_i = \ln\sigma_0\sum_{i=1}^{n}x_{1i} + C_2\sum_{i=1}^{n}x_{1i}x_{1i} + B_2\sum_{i=1}^{n}x_{2i}x_{1i} + A_1\sum_{i=1}^{n}x_{1i} + A_2\sum_{i=1}^{n}x_{3i}x_{1i}\\ \sum_{i=1}^{n}x_{2i}y_i = \ln\sigma_0\sum_{i=1}^{n}x_{2i} + C_2\sum_{i=1}^{n}x_{1i}x_{2i} + B_2\sum_{i=1}^{n}x_{2i}x_{2i} + A_1\sum_{i=1}^{n}x_{2i} + A_2\sum_{i=1}^{n}x_{3i}x_{2i}\\ \sum_{i=1}^{n}x_{3i}y_i = \ln\sigma_0\sum_{i=1}^{n}x_{3i} + C_2\sum_{i=1}^{n}x_{1i}x_{3i} + B_2\sum_{i=1}^{n}x_{2i}x_{3i} + A_1\sum_{i=1}^{n}x_{3i} + A_2\sum_{i=1}^{n}x_{3i}x_{3i}\end{cases} \tag{5-10}$$

可以看出，方程组式（5-10）的解就是式（5-5）中各系数 C_2、B_2、A_1、A_2 的值。为了便于求解，将式（5-10）改写为矩阵的形式：

$$\begin{pmatrix} n & \sum_{i=1}^{n}x_{1i} & \sum_{i=1}^{n}x_{2i} & \sum_{i=1}^{n}x_{3i}\\ \sum_{i=1}^{n}x_{1i} & \sum_{i=1}^{n}x_{1i}x_{1i} & \sum_{i=1}^{n}x_{2i}x_{1i} & \sum_{i=1}^{n}x_{3i}x_{1i}\\ \sum_{i=1}^{n}x_{2i} & \sum_{i=1}^{n}x_{1i}x_{2i} & \sum_{i=1}^{n}x_{2i}x_{2i} & \sum_{i=1}^{n}x_{3i}x_{1i}\\ \sum_{i=1}^{n}x_{3i} & \sum_{i=1}^{n}x_{1i}x_{3i} & \sum_{i=1}^{n}x_{2i}x_{3i} & \sum_{i=1}^{n}x_{3i}x_{3i}\end{pmatrix}\begin{pmatrix}\ln\sigma_0 + A_1\\ C_2\\ B_2\\ A_2\end{pmatrix} = \begin{pmatrix}\sum_{i=1}^{n}y_i\\ \sum_{i=1}^{n}x_{1i}y_i\\ \sum_{i=1}^{n}x_{2i}y_i\\ \sum_{i=1}^{n}x_{3i}y_i\end{pmatrix} \tag{5-11}$$

在求解的过程中设定参数代换式为

$$\bar{x}_j = \frac{1}{n}\sum_{i=1}^{n} x_{ji}, j = 1,2,3 \tag{5-12}$$

$$\bar{y} = \frac{1}{n}\sum_{i=1}^{n} y_i, i = 1,2,3 \tag{5-13}$$

$$L_{jj} = \sum_{i=1}^{n}\left(x_{ji} - \bar{x}_j\right)^2 = \left(\sum_{i=1}^{n} x_{ji}^2\right) - n\left(\bar{x}_j\right)^2, j = 1,2,3 \tag{5-14}$$

$$L_{jk} = L_{kj} = \sum_{i=1}^{n}\left(x_{ji} - \bar{x}_j\right)\left(x_{ki} - \bar{x}_k\right) = \left(\sum_{i=1}^{n} x_{ji}x_{ki}\right) - n\bar{x}_j\bar{x}_k, j = 1,2,3,\ \ k = 1,2,3(j \neq k) \tag{5-15}$$

$$L_{iy} = \sum_{i=1}^{n}\left(x_{ji} - \bar{x}_j\right)\left(y_i - \bar{y}\right) = \left(\sum_{i=1}^{n} x_{ji}y_i\right) - n\bar{x}_j\bar{y}, j = 1,2,3, \tag{5-16}$$

则上述方程组式（5-11）可变形为更便于求解的形式：

$$\begin{cases} A_1 = \bar{y} - \ln\sigma_0 - C_2\bar{x}_1 - B_2\bar{x}_2 - A_2\bar{x}_3 \\ L_{11}C_2 + L_{12}B_2 + L_{13}A_2 = L_{1y} \\ L_{21}C_2 + L_{22}B_2 + L_{23}A_2 = L_{2y} \\ L_{31}C_2 + L_{32}B_2 + L_{33}A_2 = L_{3y} \end{cases} \tag{5-17}$$

为了在实验结果范围内回归出待定系数，需选取相应的实验数据。考虑到本书的实际需要，确定应变程度为 0.1～0.2，应变速率为 0.0001 s^{-1}、0.001 s^{-1} 和 0.01 s^{-1}，绝对温度为 293 K、363 K 和 433 K，因此需要考虑的三个因素对流动应力的影响，每个因素选择三个水平。当选用全面实验时，需要包括 27 种实验方案，导致后续的统计分析计算量也非常大。如若采用正交实验设计来选择实验数据时可选用等水平正交表 $L_9(3^4)$，这里 L 为正交表代号，9 为正交表横行数（即所需的实验次数），3 为因素水平数目，4 为正交表纵列数目（即表中的因数个数）。对于本书的数据回归情况，确定的正交实验因素水平表如表 5-1 所示，此时只需依据 9 次实验结果。这 9 次实验数据分布均匀，是 27 次实验的代表，同时也简化了统计分析的计算过程。实验数据的选择见表 5-2，数据转换见表 5-3 和表 5-4。

表 5-1　因素水平表

水平	应变程度 ε	应变速率 $\dot{\varepsilon}$ / s^{-1}	变形温度 T / K
1	0.1	0.0001	293
2	0.15	0.001	363
3	0.2	0.01	433

表 5-2　数据取值表

实验号	ε	$\dot{\varepsilon}$ / s^{-1}	T / K
1	0.1	0.0001	293
2	0.1	0.001	363
3	0.1	0.01	433
4	0.15	0.001	433
5	0.15	0.01	293
6	0.15	0.0001	363
7	0.2	0.01	363
8	0.2	0.0001	433
9	0.2	0.001	293

表 5-3　数据转换表一

实验号	y	x_1	x_2	x_3
1	5.273	−0.406	-2.303	0.807
2	5.347	−0.406	0	1
3	5.247	−0.406	2.303	1.193
4	5.220	0	0	1.193
5	5.481	0	2.303	0.807
6	5.273	0	−2.303	1
7	5.460	0.288	2.303	1
8	5.193	0.288	−2.303	1.193
9	5.438	0.288	0	0.807
$\sum_{i=1}^{9}$	47.932	−0.354	0.0	9
$\frac{1}{9}\sum_{i=1}^{9}$	5.3258	−0.039 3	0.0	1

表 5-4　数据转换表二

序号	y^2	x_1^2	x_2^2	x_3^2	x_1x_2	x_1x_3	x_2x_3	x_1y	x_2y	x_3y
1	27.805	0.165	5.304	0.651	0.935	−0.328	−1.859	−2.141	−12.144	4.255
2	28.590	0.165	0	1	0	−0.406	0	−2.171	0	5.347
3	27.531	0.165	5.304	1.423	−0.935	−0.484	2.748	−2.130	12.084	6.260
4	27.248	0	0	1.423	0	0	0	0	0	6.227
5	30.041	0	5.304	0.651	0	0	1.859	0	12.623	4.423
6	27.805	0	5.304	1	0	0	−2.303	0	−12.144	5.273
7	29.812	0.083	5.304	1	0.663	0.288	2.303	1.573	12.574	5.460
8	26.967	0.083	5.304	1.423	−0.663	0.344	−2.748	1.500	−11.960	6.195
9	29.572	0.083	0	0.651	0	0.232	0	1.566	0	4.388
$\sum_{i=1}^{9}$	255.371	0.744	31.824	9.222	0.0	−0.354	0.0	−1.803	1.033	47.828

由表 5-3 和表 5-4 可求得下列各参数的数值为

$$L_{11}=\sum_{i=1}^{9}x_{1i}^2-n(\bar{x}_1)^2=0.744-9\times(-0.039)^2=0.73$$

$$L_{22}=\sum_{i=1}^{9}x_{2i}^2-n(\bar{x}_2)^2=31.824-9\times 0^2=31.824$$

$$L_{33}=\sum_{i=1}^{9}x_{3i}^2-n(\bar{x}_3)^2=9.222-9\times 1^2=0.222$$

$$L_{12}=L_{21}=\sum_{i=1}^{9}x_{1i}x_{2i}-n\bar{x}_1\bar{x}_2=0-9\times(-0.039)\times 0=0$$

$$L_{13}=L_{31}=\sum_{i=1}^{9}x_{1i}x_{3i}-n\bar{x}_1\bar{x}_3=-0.354-9\times(-0.039)\times 1=-0.003$$

$$L_{23}=L_{32}=\sum_{i=1}^{9}x_{2i}x_{3i}-n\bar{x}_2\bar{x}_3=0-9\times 0\times 1=0$$

$$L_{1y}=\sum_{i=1}^{9}x_{1i}y_i-n\bar{x}_1\bar{y}=-1.803-9\times(-0.039)\times 5.326=0.066$$

$$L_{2y}=\sum_{i=1}^{9}x_{2i}y_i-n\bar{x}_2\bar{y}=1.033-9\times 0\times 5.326=1.033$$

$$L_{3y}=\sum_{i=1}^{9}x_{3i}y_i-n\bar{x}_3\bar{y}=47.828-9\times1\times5.326=-0.106$$

由式（5-17）和上述参数的具体数值可得方程组为

$$\begin{cases}A_1=5.326-5.394-C_2\times(-0.039)-B_2\times0-A_2\times1\\0.73C_2+0\times B_2+(-0.003)\times A_2=0.066\\0\times C_2+31.824B_2+0\times A_2=1.033\\-0.003\times C_2+0\times B_2+0.222A_2=-0.106\end{cases}\tag{5-18}$$

整理得

$$\begin{cases}A_1=-0.068+0.039C_2-A_2\\0.73C_2-0.003A_2=0.066\\31.824B_2=1.033\\-0.003C_2+0.222A_2=-0.106\end{cases}\tag{5-19}$$

解得 $C_2=0.088$， $B_2=0.033$， $A_1=0.411$， $A_2=-0.476$。

将各参数值代入式（5-5）中得到纯铜拉伸过程的本构方程为

$$\sigma=220\left(\frac{\varepsilon}{0.15}\right)^{0.088}\left(\frac{\dot{\varepsilon}}{0.001}\right)^{0.033}\mathrm{e}^{0.411-0.476\frac{T}{363}}$$

进一步整理可得

$$\sigma=493\varepsilon^{0.088}\dot{\varepsilon}^{0.033}\mathrm{e}^{-0.001\,3T}\tag{5-20}$$

5.1.2 回归方程的显著性检验

F 检验通常也称为方差检验，是利用回归平方和与残差平方和的比值相对于 $F_\alpha(m,n-m-1)$ 的大小来衡量回归显著性的一种方法[118]。回归式中的因变量 $y_i\ (i=1,2,3,\cdots)$ 之间存在着一定的差异，这种差异通常是由两个因素引起的，一个是自变量的变化引起的因变量 y_i 的改变，这种变化用回归平方和，即回归值 $\hat{y}_i$ 与 y_i 的算术平均值之间的偏差平方和来表示：

$$SS_R=\sum_{i=1}^{n}\left(\hat{y}_i-\bar{y}\right)^2\tag{5-21}$$

另一个是随机误差，它是由残差平方和，即 y_i 与它的回归值之间的偏差平方和来表示：

$$SS_e=\sum_{i=1}^{n}\left(y_i-\hat{y}_i\right)^2\tag{5-22}$$

显然两个引起因变量 y_i 之间存在差异的因素之和为 y_i 值与其算术平均值之间的

偏差平方和，该值被称为总离差平方和，即

$$SS_y = \sum_{i=1}^{n}(y_i - \bar{y})^2 = \sum_{i=1}^{n} y_i^2 - n\bar{y}^2 \tag{5-23}$$

在 F 检验中，自由度 df 的设置为：总离差平方和的自由度为 $df_y = n-1$；回归平方和的自由度为 $df_R = m$（m 为因素数目）；残差平方和的自由度为 $df_e = n-m-1$（n 为实验次数）。回归值的均方为 $MS_R = SS_R/df_R$；误差值的均方为 $MS_R = SS_R/df_R$。F 检验值为 $F = SS_R/SS_e$。

在给定显著水平 α 的情况下，从 F 分布表中查得 $F_\alpha(m,n-m-1)$ 的值。若 $F < F_{0.05}(m,n-m-1)$，表明自变量与因变量之间没有明显的显著性，回归得到的方程是不可信的；如若 $F_{0.05}(m,n-m-1) < F < F_{0.01}(m,n-m-1)$，表明自变量与因变量之间有明显的显著性，回归得到的方程是基本可信的；如若 $F > F_{0.01}(m,n-m-1)$，表明自变量与因变量之间有非常显著的显著性，回归的方程是可信的。后两者情况表明因变量的变化主要是由自变量的变化造成的。F 检验的方差分析表的具体形式见表 5-5。

表 5-5　方差分析表

差异源	SS	df	MS	F	显著性
回归 误差	SS_R SS_e	m n-m-1	MS_R=SS_R/m MS_e=SS_e/（n-m-1）	F=MS_R/MS_e	Y/N
总和	SS_y	n-1	—	—	—

参照方差分析表 5-5，对式（5-20）的回归结果进行分析。依据以上的计算过程，实验次数为 n=9，因素数目 m=3，$\sum_{i=1}^{9} y_i^2 = 255.371$，$\bar{y} = 5.3257$，$L_{1y} = 0.066$，$L_{2y} = 1.033$，$L_{3y} = -0.106$，代入式（5-21）、（5-22）和式（5-23）中计算可得

$$SS_y = \sum_{i=1}^{9} y_i^2 - n\bar{y}^2 = 255.371 - 9\times 5.3258^2 = 0.0937$$

$$SS_R = \sum_{i=1}^{n}\left(\hat{y}_i - \bar{y}\right)^2 = C_2 L_{1y} + B_2 L_{2y} + A_2 L_{3y}$$

$$= 0.088\times 0.066 + 0.033\times 1.033 - 0.476\times(-0.106) = 0.0904$$

$$SS_e = SS_y - SS_R = 0.103 - 0.09 = 0.0033$$

由此可得方差分析结果如表 5-6 所示，表 5-6 中的 F 服从自由度为（m，n-m-1）的分布，在给定的显著水平 $\alpha = 0.01$ 下，从 F 分布表中查得 $F_{0.01}(3,5) = 12.06$，计算结

果显示 $F > F_{0.01}(3,5)$，所以建立的回归方程是非常显著的。这一点同样可以通过回归方程的计算值与实验值的对比表中体现出来，如表 5-7 所示，计算值和实验值是非常接近的，这表明所建立的回归方程与实验数据拟合得较好。

表 5-6　方差分析结果

差异源	*SS*	*df*	*MS*	*F*	显著性
回归 残差	0.090 4 0.003 3	m=3 $n-m-1$=5	0.030 1 0.000 7	43	非常显著
总和	0.093 7	$n-1$=8	—	—	—

表 5-7　计算值与实验值的比较

参数	数值					
应变量 / %	15	20	15	10	15	20
应变速率 / s^{-1}	0.01	0.001	0.0001	0.001	0.01	0.1
温度 / K	293	293	363	363	433	433
实验值 / MPa	240	230	195	210	185	180
计算值 / MPa	244	232	191	199	188	179

5.2　铜丝电塑性拉伸过程流动应力的计算方程式

依据本书第 2、3 和 4 章的理论推导结果表明，电流作用下金属的应变速率由两个因素产生，一是外力，二是电流，外力所产生的应变速率为 $\dot{\varepsilon}_{Fe} = \dot{\varepsilon} - (\dot{\varepsilon}_e - \dot{\varepsilon})$，将 $\dot{\varepsilon}_{Fe}$ 代入式（5-20）中得

$$\sigma_{Fe} = 493\varepsilon^{0.088}\dot{\varepsilon}_{Fe}^{0.033}\mathrm{e}^{-0.0013T} \tag{5-24}$$

式中　σ_{Fe}——电流作用下的金属流动应力值（MPa）。

如若考虑电热对金属流动应力的影响，上式中需增加温度的变化量。由于单脉冲电流作用时间很短（大约在几十微秒），因此可依据式（1-1）只计算绝热条件下的温升情况。如若需要考虑电流作用时间内不同散热条件对拉伸试样温度的影响，可采用有限元软件对试样的温升情况进行有限元模拟。

依据电塑性效应中位错滑移的热激活理论，电流增加位错的激活能，降低的是作用在位错上的有效应力（有效应力等于外应力与长程内应力之差），与长程内应力无关。因此纯电塑性效应导致金属流动应力的降低值有一上限，即流动应力减少量等于

有效应力，超出该值以后纯电塑性效应引起的流动应力减少量为一恒定值，即作用在位错上的有效应力值。

5.3 金属电塑性拉伸的实验研究

电塑性拉伸实验在脉动微力材料实验机上进行，实验的主要目的是测得脉冲电流对金属流动应力值的影响，验证理论计算结果的准确性。

电塑性拉伸实验与普通拉伸实验相比，其特别之处主要涉及以下两个方面：一是如何产生适合电塑性拉伸用的电流，即电流发生装置；二是如何将电流引入金属的塑性变形区，即金属的加电装置。

在电塑性加工过程中，需要对处在变形状态下的金属通入适当的脉冲电流，其脉冲电流要求为峰值电流大、脉宽窄，且脉宽和频率可调。为了满足金属电塑性变形过程对电流的上述要求，自行研制了脉冲电流发生器。该脉冲电流发生器将电拉伸试件直接串联在电流回路中，采用了大功率的 GTR 模块控制电流回路的开启，获得了峰值大、矩形波形好的脉冲电流。

考虑到在实验结果中要尽可能地降低电塑性副效应对金属流动应力的影响，选择了直径较细（0.6 mm）的丝材作为拉伸试样，这样几乎可以完全排除集肤效应、磁压缩效应和磁致伸缩效应对丝材流动应力的影响，同时也可以获得较大的电流密度，得到更好的实验效果。但由于丝材的电阻相对较大，这势必会导致丝材温度升高。为了定量地分析试样温度的升高对流动应力的影响，采用有限元软件对实验过程中试样的温度进行了模拟研究。

为了将电流平稳地引入拉伸丝材中，设计加工了丝材电塑性拉伸的装卡和加电装置，该装置采用了绝缘材料，将电源与拉伸机绝缘开来。另外由于实验中使用的脉冲电流的脉宽很小（60 μs），受实验测试系统的惯性和实验条件的限制，无法准确地测得单脉冲作用下的金属丝材流动应力的降低值，因此在实验中选用小脉宽、低频率的脉冲电流对丝材持续通电，由此可测得带电拉伸过程中丝材流动应力的稳定降低值。

5.3.1 电塑性实验装置及原理

实验系统由脉冲电源装置、电子微力材料实验机、计算机数据采集系统和电流参数检测装置四部分组成，如图 5-3 所示。实验过程中设定电子微力材料实验机的电动缸驱动实验机横梁的上升速度 V，实验机横梁上升对拉伸试样产生拉伸力。脉冲电源与装卡装置的两端相连接，将电流导入拉伸试样中，拉伸试样与电子微力材料实验机绝缘，这样脉冲电源与拉伸试样一起构成了电流回路。计算机数据采集系统显示拉伸力与应变量之间的关系曲线。电流参数检测装置可显示作用在拉伸试样上的电流波形、电流值、频率和脉宽。拉伸设备如图 5-4 所示，拉伸试样的装卡结构如图 5-5 所示。

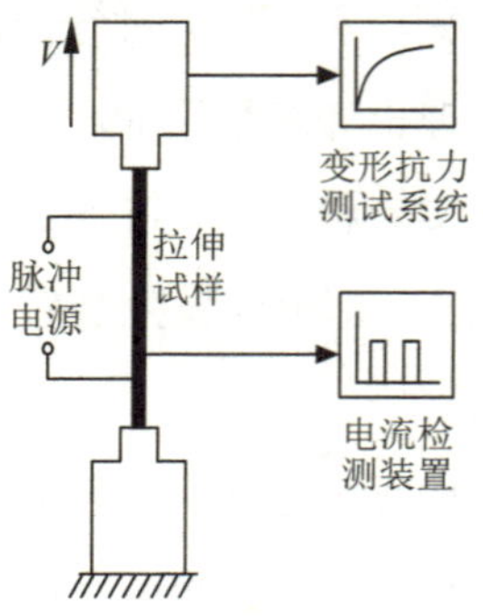

图 5-3　实验系统示意图

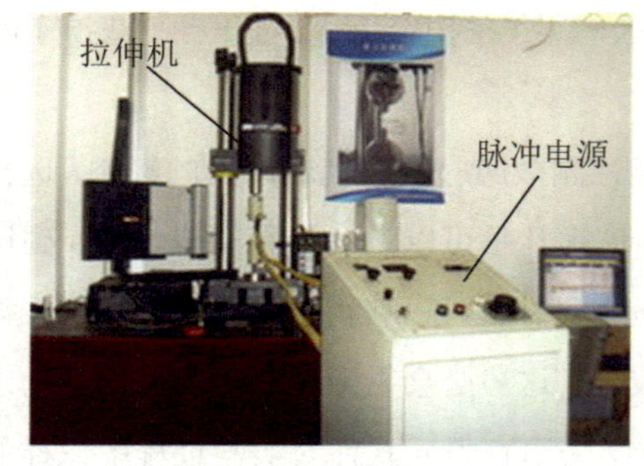

图 5-4　电塑性拉伸测试设备及装置

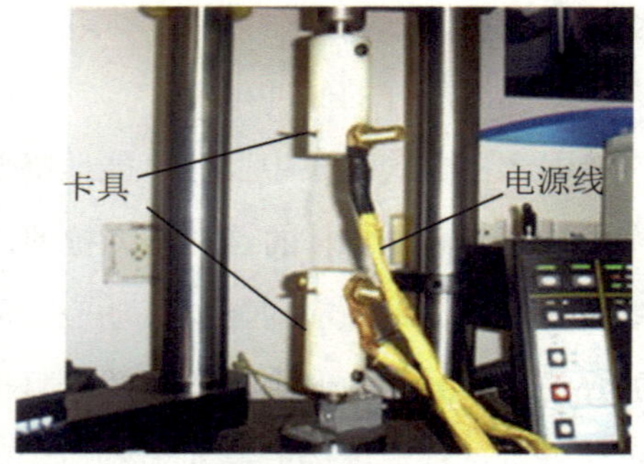

图 5-5　电塑性拉伸试样的装卡结构

5.3.2　脉冲电源的研制

现有的实验研究结果和电塑性工程应用的实际需求均表明脉冲电流是适合金属电塑性加工的电流形式。在电塑性加工过程中，需要对处在变形状态下的金属（如丝材、板材等）通入适当的脉冲电流，其脉冲电流要求为峰值电流大、脉宽窄，且脉宽和频率可调。为了满足电塑性加工对电流的上述要求，研制了脉冲电流发生器，电路原理如图 5-6 所示，包括电源电路、脉冲振荡电路、脉冲频率和脉冲宽度调节电路、驱动电路、脉冲功率发生电路和脉冲功率控制电路。

电源电路可分为三部分，分别为功率电源、驱动电源和低压电源。功率电源为脉冲功率发生电路供电，驱动电源为驱动电路提供 50 V 直流电；低压电源为脉冲振荡电路、脉冲频率和脉冲宽度调节电路、脉冲功率控制电路中的 NE555 集成电路提供 14 V 和 5 V 的直流电源。

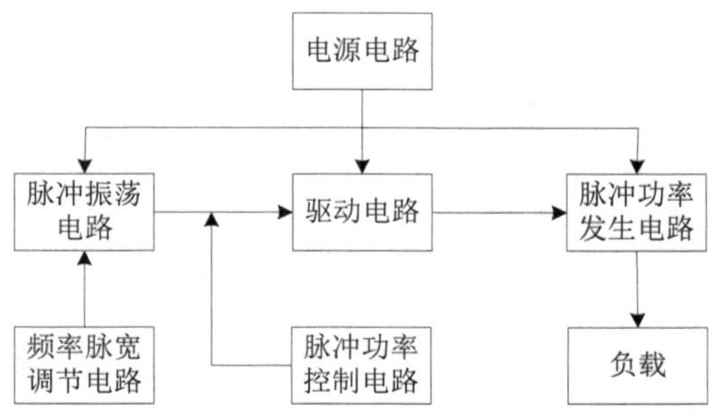

图 5-6　脉冲电源系统框图

由 NE555 集成电路组成多谐振荡器构成的脉冲振荡电路、脉冲频率和脉冲宽度调节电路。利用位波段开关调节电容量，可实现对脉冲频率的分段调节。调节电位器可对脉冲占空比进行调节。在脉冲功率控制电路中，由 NE555 集成电路组成可控单稳态触发器，由波段开关控制，可以实现对脉冲电流强度的调节。

在驱动电路和脉冲功率发生电路中，由达林顿管提供的驱动电流触发大功率 GTR 模块（300 A，1000 V）的开启，整个电路可由多位波段开关控制，提供多路并联电流，由此可提高脉冲电源的最大额定电流强度。

该脉冲电源具体工作过程为：在脉冲频率和脉冲宽度调节电路中，利用位波段开关控制电容的导通或截止，实现对脉冲振荡电路产生脉冲信号的频率控制；通过调节电位器实现对脉冲振荡电路产生脉冲信号的宽度控制，脉冲振荡电路输出脉冲信号。脉冲信号分别与脉冲功率控制电路中可控单稳态触发器相连接，利用位波段开关控制可控单稳态触发器的导通或截止，实现对整个回路中电流大小的控制。可控单稳态触发器的输出信号与驱动电路中的达林顿管相连接，控制达林顿管提供驱动电流触发大功率 GTR 模块的开启。当 GTR 模块开启后，功率电源、负载、功率电阻和 GTR 模块构成回路，此时在功率电源中的大容量电容放电，产生脉冲电流。

实验中实际使用的脉冲电源发生装置，利用 4 刀 4 位波段开关控制并联的 4 路电路的开启，采用了性能好、功率大的 GTR 模块，通过达林顿管提供的驱动电流触发大功率 GTR 模块。超低频示波器对脉冲电源输出电流的实测波形表明，该脉冲电流具有脉冲电流大、波形好的特点，更好地满足了电塑性加工和理论研究对电源装置的要求。电塑性加工用脉冲电源的外观如图 5-7 所示，电源输出的脉冲电流波形如图 5-8 所示。

图 5-7　脉冲电源外观图

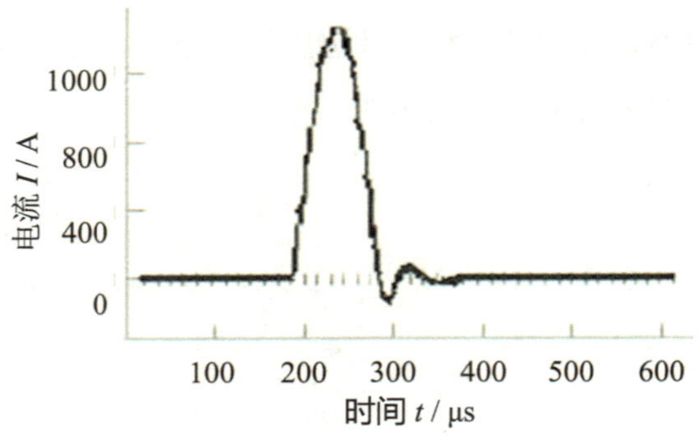

图 5-8　脉冲电流波形图

5.3.3　微力实验机和数据采集系统

铜丝的电塑性单向拉伸实验在燕山大学力学实验室进行，利用了先进的拉伸设备——英斯特朗公司生产的 5848 型脉动微力材料实验机。该实验机由载荷机架、高精度线性电机、位移和载荷测量设备、先进的数字控制器和计算机数据采集系统等部分组成，用于各种微小力试件的拉伸实验。该微力实验机最大载荷 2000 N，驱动系统采用高精度、全数字调速系统及精密减速机来驱动精密丝杠副使得横梁上下平动。试样的卡具固定在横梁上，横梁的上下平动就可以对试样产生拉力或压力。该设备驱动系统噪声低、运行平稳且带有高精度的位移传感器，精度高达 1 μm。

数据采集系统是将采集传感器输出的温度、压力、流量、位移等模拟信号转换成计算机能识别的数字信号，进行相应的计算存储和处理；同时，可将计算所得的数据进行显示或打印，以便实现对某些物理量的监测和控制。它是结合基于计算机的测量软硬件产品来实现灵活的、用户自定义的测量系统。5848 型脉动微力材料实验机采用了先进的整机全数字化闭环控制和实验数据采集。测量通道为整机全数字化位移及力值测量通道。电塑性拉伸实验中所用到的拉伸力和位移的数据采集系统由压力传感器、动态应变仪、数据采集卡、微型计算机等组成。图 5-9 给出了计算机辅助测试系统的数据采集原理框图。

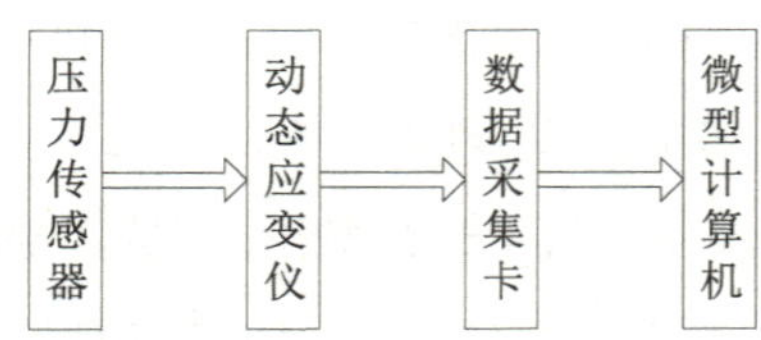

图 5-9　实验数据采集系统框图

5.3.4 电流参数检测装置

自行研制的电流参数检测装置可清楚地显示电塑性拔丝过程中电流的脉冲波形和电流强度，电流参数检测装置通过串联在脉冲电流输出回路中的标准分流器采集电信号。该装置的外观如图 5-10 所示，工作原理如图 5-11 所示。

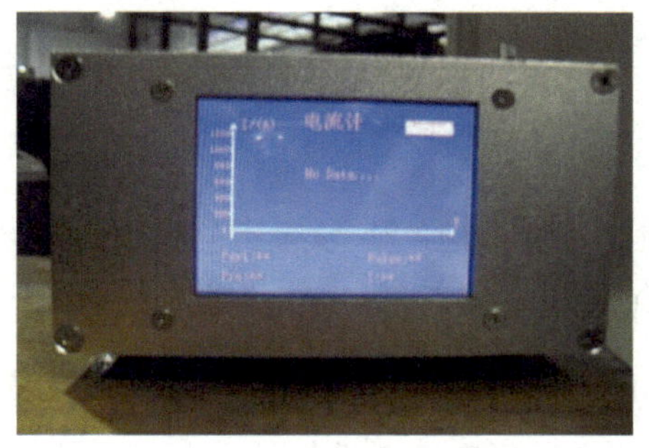

图 5-10　电流数据采集系统外观图

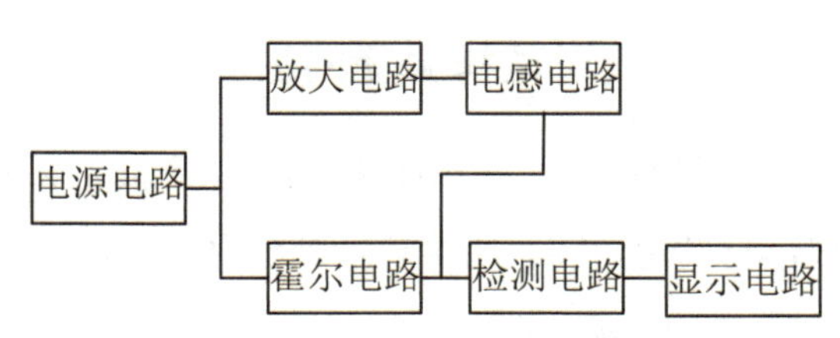

图 5-11　电流数据采集系统

5.3.5 实验材料

鉴于若想得到较为明显的电塑性效应需要较高的电流密度，所以实验中选用了电阻率较小的纯铜丝（纯度 99.987%）作为电塑性拉伸试样。铜丝不仅可以提高电塑性拉伸实验中的电流密度，而且基本上消除了焦耳热效应以外的其他电塑性副效应（集肤效应、磁压缩效应等）对铜丝流动应力的影响。拉伸前铜丝为退火态组织，丝材直径 0.6 mm，长度 100 mm。

5.3.6 丝材横截面积的计算

在电塑性拔丝过程中，利用与脉冲电源电流回路相连接的电流参数检测装置，可直接显示脉冲电流强度值，电流强度除以丝材的横截面积即为电流密度值，在实验过程中可以通过这样的计算得到相应的电流密度值。但由于在拉伸过程中试样的横截面积是实时发生变化的，且不便于测量，因此考虑通过理论计算的方法得出某一伸长量时的丝材横截面积。实验设计在丝材延伸量为 13%时通入电流，此时丝材处在均匀塑性变形阶段，根据塑性变形体积不可压缩性条件，得出试样延伸量与横截面积的关系式为

$$S = 28.3/(100 + \Delta L) \tag{5-25}$$

式中　S ——试样的横截面积（mm^2）；

ΔL ——试样的延伸量（mm）。

利用式（5-25）可以计算得到纯铜丝电塑性拉伸过程中任意伸长量时试样的横截面积值，二者的对应关系如表 5-8 所示。

表 5-8　不同延伸量对应的横截面积

延伸量 ΔL / mm	0	5	10	15	20	25
横截面积 S / mm^2	0.283	0.270	0.257	0.246	0.236	0.226

5.3.7　电流对试样温度的影响

电塑性拉伸过程中试样温度的升高不仅会对电塑性效应产生影响，而且会改变金属丝材的电阻率、比热等物理参量的大小。为了降低电热的影响，实验中我们选用了小脉宽、低频率的脉冲电流和较短的通电时间，但电流仍会导致铜丝温度升高。考虑到铜丝较细无法测量其温度的变化量，为了准确地定量研究电塑性拉伸过程中电热效应导致的铜丝试样温度的变化，本书采用 ANSYS 有限元软件的热-电耦合分析模块对拉伸试样进行了电热效应模拟分析，得出了对流换热条件下的丝材温度升高量，模拟结果中包含了空气自然对流散热因素对试样温升的影响。

在实验过程中首先将铜丝拉伸至塑性变形区，当铜丝的应变量为 13%时，向铜丝中通入上述参数的脉冲电流，测得铜丝的应力变化量。利用式（5-25）计算可得此时铜丝的横截面积为 0.25 mm^2。

金属电阻的理论计算公式：

$$R = \rho_R L / S \tag{5-26}$$

式中　ρ_R——电阻率（Ω・m）。

利用式（5-26）计算可得此时拉伸试样的电阻为 0.00836 Ω。当电流强度为 1000 A，脉宽 60 μs，频率 2 Hz，通电时间为 5 s 时，利用式（1-1）可得出绝热条件下的丝材温度升高较小，因此在有限元模拟过程中没有考虑温度升高对电拉伸铜丝材的电阻、比热等物理参数的影响。拉伸试样的材料属性和几何尺寸如表 5-9 所示。ANSYS 电热模拟结果如图 5-12 所示。

表 5-9　材料属性与几何尺寸

初始温度 /℃	横截面积 /mm^2	长度 /mm	密度 /（kg/mm^3）	电阻率 /（Ω・mm）	比热 /（J/kg・℃）	空气对流换热系数 /（W/mm^2・℃）
20	0.25	113	8.9×10^{-6}	1.85×10^{-5}	385	5×10^{-6}

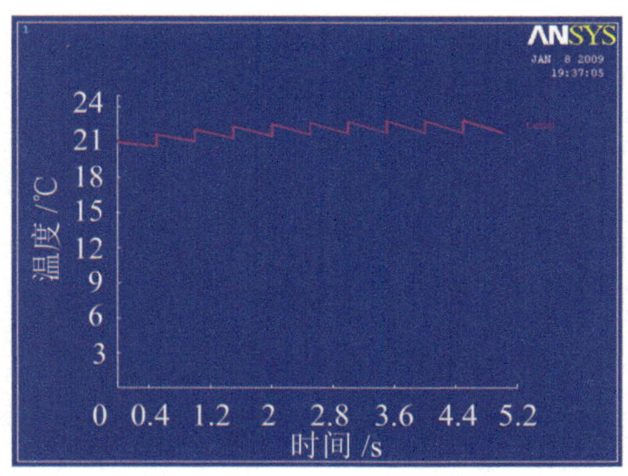

图 5-12　ANSYS 电热模拟结果

ANSYS 电热模拟结果表明，当试样初始温度为 20 ℃，脉冲电流密度为 J（1000 A/mm^2）、频率为 2 Hz、脉冲宽度为 60 μs，在 10 个脉冲电流（通电时间 5 s）以后，试样温度升高 2.5 ℃。不同电流密度下试样温度升高量的模拟值如表 5-10 所示。

表 5-10　不同电流密度下试样温升情况

电流密度 J /（A/mm^2）	500	1000	1500	2000	2500	3000	3100	3500	4000
试样温升 ΔT /℃	0.5	2.5	5.9	10.3	16.2	22.3	23.7	29.8	38.7

5.3.8　电塑性拉伸实验过程及结果

为了有足够的时间来测得电流所导致的铜丝流动应力的下降值，实验中设定拉伸机横梁的上升速度为 1 mm/min，此条件下铜丝的总延伸量在 20%左右。当铜丝的应变量 13%时（利用数学方法[119]可计算得当试样应变为 13%时应变速率为 1.5×10^{-4} s^{-1}），通入脉冲电流，得到铜丝的流动应力值。

实验中电子微力实验机所显示的由电流所导致的拉拔力变化情况如图 5-13 所示，当铜丝的应变量为 13%时，通入频率为 2 Hz、宽度为 60 μs 的脉冲电流，通电时间 5 s，拉拔力随电流的导入急剧下降，然后经过一小段波动的下降区（这一现象是由温升引起的），此后呈现回升趋势，大体上维持在一个较为平稳的区域内细微的波动。记录该数值后断电，拉拔力返回到无电拉伸时的状态。

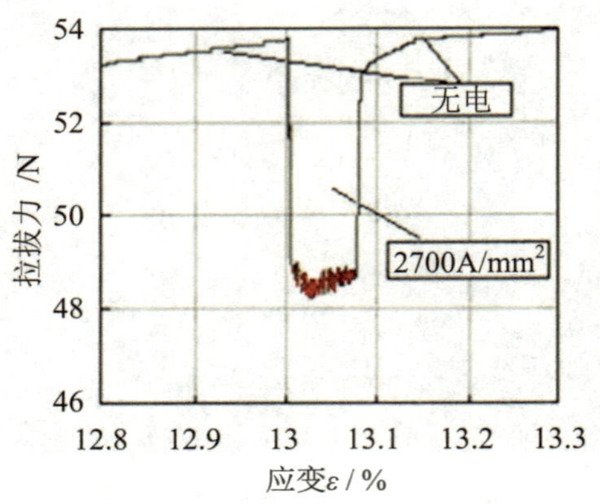

图 5-13　铜丝拉拔力随脉冲电流作用的变化情况

1. 脉冲电流密度对流动应力的影响

现有的实验结果表明，在温升较低的情况下，随电流密度的升高，金属流动应力呈现非常明显的下降趋势，即电流密度越大，金属的电塑性效应越明显。依据现有的脉冲电流发生器最大能承受回路电流 1200 A，实验中选取的电流强度范围在 0～1000 A 之间。利用金属塑性变形的体积不变原理，计算出拉伸过程中任一瞬时试样截面积的大小，电流强度与此时的试样横截面积的比值即为电流密度值。实验中脉冲电流密度的选取范围为 0～4000 A/mm^2。

按照电塑性拉伸实验的设计，应该对拉伸试样中通入单脉冲电流，但由于拉伸实验装置的惯性和测试仪器的响应时间的限制，在脉宽为微秒级的单脉冲电流作用时间内无法准确地测量到金属流动应力的降低值。图 5-14 为频率为 0.5 Hz 的脉冲电流作用下的纯铜丝流动应力变化图。在实验中发现当有脉冲电流作用时流动应力迅速下降，无电流作用时应力回升，回升略为延后，下降与回升曲线之间的时间间隔在 0.1 s 左右，明显大于脉冲宽度。这说明实验装置的惯性和测试仪器的灵敏度对实验结果是有影响的。

为了克服这两个因素对实验结果的影响，必须适当延长电流作用时间。延长电流作用时间的方法有两种，一是增大脉冲宽度，二是增加脉冲频率。当采用增大脉宽的办法时，脉冲宽度大体上要设定为 0.1 s 左右，当电流强度为 300 A、电流密度为 1200 A/mm^2 时，依据式（1-1）可计算得丝材上的绝热温升为 766 ℃左右，显然该办法是不现实的。当采用增大脉冲频率的办法时，将脉冲频率设为 2 Hz，电流导致金属流动应力的降低会出现一个较为稳定的小范围波动值，图 5-15 是脉冲频率为 2 Hz 的脉冲电流作用下纯铜丝流动应力的变化图。当电流强度为 300 A、电流密度为 1200 A/mm²、脉宽为 60 μs、电流频率 2 Hz、通电时间 5 s 时，丝材绝热条件下的温升仅为 4 ℃，基本上可以排除温度对金属流动应力的影响，此时电流频率低，脉冲间隔时间较长，因此可以看作单脉冲电流作用下的流动应力值。

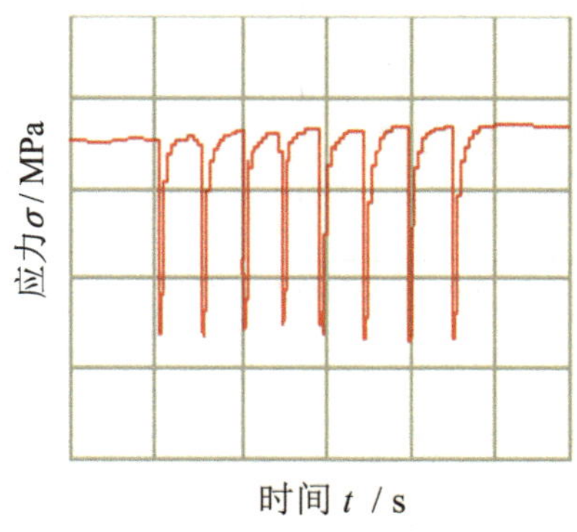

图 5-14　频率为 0.5 Hz 时的应力变化

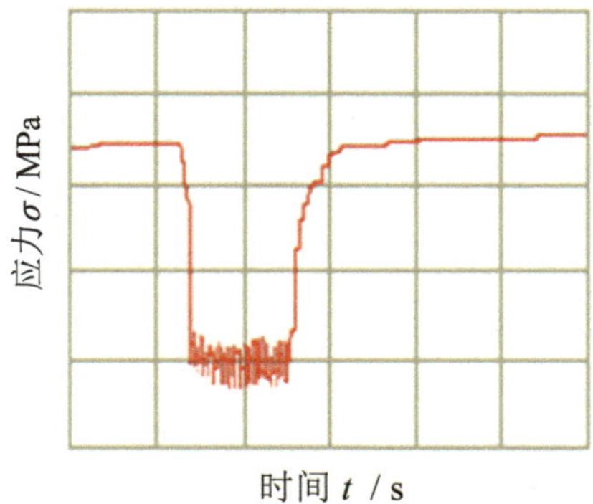

图 5-15　频率为 2 Hz 时的应力变化

脉冲宽度（即电流作用时间）也是金属电塑性效应的影响因素之一，考虑到电热效应过高会对金属的物理性质产生较大的影响，这会使得实验结果无法用来与理论计算结果进行对比分析。为了尽可能地降低焦耳热效应对金属流动应力的影响，电塑性拉伸实验中应尽量采用较窄的脉冲宽度。但由于测试系统本身的灵敏度限制，当脉宽为 40 μs 以下时，电流参数测试装置对脉宽的测量出现了较大的偏差，经调整和比对后，实验中选用的脉宽为 60 μs。

实验测得了脉宽 60 μs，频率 2 Hz，通电时间 5 s，不同电流密度作用下的金属流动应力值如图 5-16 所示。在实验条件下，电塑性副效应中的集肤效应和磁压缩效应对金属流动应力的影响很小，可忽略不计[33]。但由于实验中采用了持续的脉冲电流，导致丝材温升较为明显（见表 5-10），为了在实验结果中排除温度升高对流动应力的影响，可利用表 5-10 中试样温度的变化值得出由于温度升高导致铜丝流动应力的下降值，然后从电流对流动应力影响的实测值中去除温升对流动应力的影响，即得出了纯电塑性效应对金属流动应力的影响曲线。

在脉冲电流参数中，电流密度的变化对金属流动应力的影响最为明显[33]，电流密度的增加直接导致了电子与离子每一次碰撞过程中能量交换量的增加，位错能量增加的积累过程更为明显，在很短的时间内就可以帮助位错借助热激活过程越过障碍进行滑移，体现出更为明显的电塑性效应。

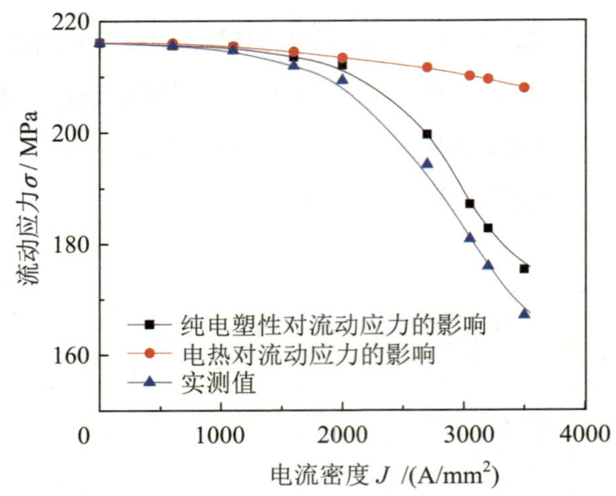

图 5-16　流动应力与电流密度的关系

2. 脉冲电流频率对流动应力的影响

为了研究电塑性效应中脉冲频率对金属流动应力的影响，实验测得了电流密度为 1200 A/mm^2，脉宽 60 μs，频率 2 Hz，通电时间 5 s，不同脉冲频率（0.5～32 Hz）作用下的金属流动应力值，如图 5-17 所示。图中给出了电流作用下的流动应力实测值（曲线 1）和通过式（5-20）理论计算得出的试样温升对流动应力的影响值（曲线 2）。可以看出，当脉冲频率较低时（温升很小，不超过 10 ℃），两条应力变化曲线几乎是平行的，二者之间的差异应该是由纯电塑性效应所引起的。随着脉冲频率的增加，两线之间的差距加大，这是因为此时试样的温升较大，由电流引起的应力变化实测值中包含了热膨胀等因素对流动应力的影响。

由此可以看出，脉冲频率的变化对金属的纯电塑性效应影响很小。从电塑性效应的理论研究结果来看，虽然在电子与位错离子交换能量的过程中，通过增加碰撞次数可以使得位错能量累积增加，但由于热传导现象的存在，在一定时间内如果位错不滑移，该能量就会以热的形式传递给其他能量较低的离子，两次电脉冲的间隔时间相对电流作用时间较长，所以增加脉冲频率并不会产生更明显的纯电塑性效应，在本书第 2、3 和 4 章电塑性理论计算公式推导的过程中也没有考虑电流频率变化对金属流动应力的影响。

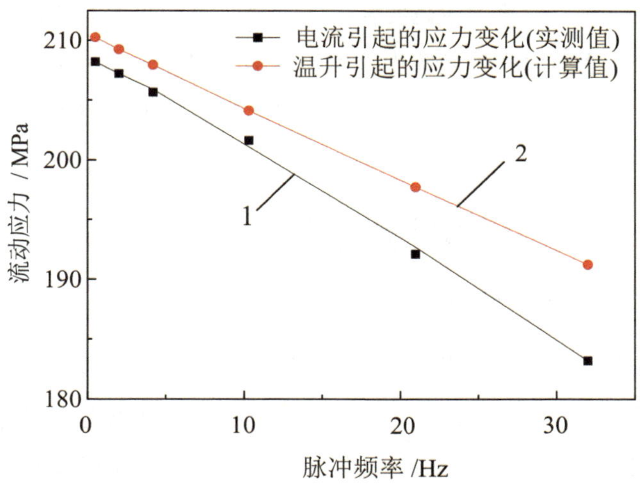

图 5-17　流动应力与电流频率的关系

3. 脉冲电流宽度对流动应力的影响

在电流对金属应变速率影响的理论研究结果中可以看出，脉冲宽度越大，金属电塑性效应越明显，这是因为脉冲宽度的增加会使得电子与离子的碰撞次数增加，从而使得位错能量获得更多的改变，位错离子获得能量后优先用于位错的滑移过程。如果位错离子获得能量后能够克服障碍，则位错滑移，该能量消耗在滑移过程中；如果在一定时间内位错不滑移，该能量就以焦耳热的形式释放出来，体现为金属的电热效应。

选取电流密度为 2000 A/mm^2、频率为 2 Hz 的脉冲电流对铜丝进行电塑性拉伸实验，考虑到试样的温升不能过高，实验中设定脉宽变化范围为 40～90 μs。实验测得不同脉冲宽度下的金属流动应力值如表 5-11 所示。

表 5-11　脉冲宽度对流动应力的影响

脉冲宽度/μs	40	50	60	70	80	90
流动应力计算值/MPa	212.1	211.3	209.5	208.4	207.0	205.5
流动应力实测值/MPa	210.8	210.0	209.6	207.6	206.8	205.6

在表 5-11 中，当脉冲宽度为 90 μs 时，流动应力的实测值为 205.6 MPa，相对于脉冲宽度为 40 μs 时仅降低了 5.2 MPa，这其中还包括电热导致的试样温升对流动应力的影响。随脉冲宽度的增加，流动应力的计算值较实测值变化更为明显，这是因为理论计算式中认为在单脉冲电流作用时间内位错能量持续累积，不存在散热过程所造

成的。脉冲宽度越大，电热效应越明显，此时金属流动应力的降低主要是由于温度升高所引起的。这表明纯电塑性效应中金属流动应力对脉冲宽度的变化不敏感，相反较大的脉冲宽度会使试样产生较大的温升，使得实验结果无法用于验证理论计算结果的准确性。

5.4 电塑性拉伸的理论计算及验证

5.4.1 电塑性拉伸应力的理论计算及分析

本书的第 2 章、第 3 章和第 4 章分别推导了电流密度与金属应变速率的关系式，即式（2-38）、式（3-14）和式（4-38）。下面首先依据以上三式对铜丝电塑性拉伸过程中外力所引起的应变速率值 $\dot{\varepsilon}_{Fe}$ 进行计算，然后将计算结果代入式（5-24）中得出电流作用下的铜丝流动应力值 σ_{Fe}，如表 5-12、5-13 和 5-14 所示。

理论计算过程中，选取铜丝的长度为 113 mm，截面积为 0.25 mm^2。试样初始温度为 20 ℃，应变速率为 $\dot{\varepsilon}$（1.5×10^{-4} s^{-1}），电脉冲宽度（即电流作用时间）为 60 μs 。依据式（1-1）计算出在电流密度为 4000 A/mm^2、脉冲宽度为 60 μs 的单脉冲电流作用下，铜丝绝热条件下的温升为 5.1 ℃，所以计算时没有考虑温度升高对流动应力值的影响。

表 5-12 不同电流密度作用下的应变速率值和流动应力值（位错滑移理论）

电流密度 J/（A/mm^2）	0	500	1000	2000	3000	3500	3800	3850	3855
应变速率值 $\dot{\varepsilon}_{Fe}$/（$\times10^{-4}$s^{-1}）	1.5	1.36	1.21	0.85	0.43	0.19	0.037	0.01	0.007 6
流动应力值 σ_{Fe}/MPa	216.1	215.4	214.5	212.0	207.3	201.8	191.7	183.1	181.5

表 5-13 不同电流密度作用下的应变速率值和流动应力值（自由电子理论）

电流密度 J/（A/mm^2）	0	10	20	40	60	90	95
应变速率值 $\dot{\varepsilon}_{Fe}$/（$\times10^{-4}$ s^{-1}）	1.5	1.49	1.45	1.31	1.03	0.24	0.04
流动应力值 σ_{Fe}/MPa	216.1	216.0	215.8	215.15	213.4	203.4	191.7

表 5-14　不同电流密度作用下的应变速率值和流动应力值（量子理论）

电流密度 J/（A/mm²）	0	500	1000	2000	2500	3000	3060	3080	3083
应变速率值 $\dot{\varepsilon}_{Fe}$/（×$10^{-4}s^{-1}$）	1.5	1.47	1.39	0.99	0.64	0.12	0.04	0.01	0.076
流动应力值 σ_{Fe}/MPa	216.1	215.9	215.5	213.1	210.1	198.8	191.7	183.1	181.5

以上三种理论计算结果表明，流动应力随电流密度的增加而降低，且呈现抛物线的函数关系，这是因为依据电塑性效应的热激活理论，电流的引入实质上是一种能量形式，当金属的变形区内受到电脉冲刺激时，金属内部的位错获得额外的能量，从而改变了位错滑移所需的激活能。因此电流密度越高，金属原子获得的能量也越高，电塑性效应也应越明显。当电流密度达到一定数值后，由外力引起的应变速率急剧下降，这是由于热激活概率由玻耳兹曼因子 $\exp(-\Delta H / kT)$ 决定，而且 $\dot{\varepsilon}_e = \dot{\varepsilon}\exp(\Delta H/kT)$，所以应变速率随着激活能呈 e 的指数次幂变化，这将导致流动应力也随激活能的增加呈现抛物线曲线变化。

同时，金属的电塑性效应不可能使得流动应力无限降低，降低的限值由位错滑移的热激活过程所决定。位错克服障碍的动力来自两个方面：一个是由外力产生的有效应力；一个是由温度导致的热激活过程，电塑性效应增加位错激活能，降低的是有效应力。在理论计算时，选取铜丝的 σ^* 值为外应力值的 0.16 倍[103]。因此纯电塑性效应的电流密度值一定有一上限，即纯电塑性效应引起的流动应力减少量为外应力的 0.16 倍时的电流密度值。电流密度超出该值以后纯电塑性效应引起的流动应力减少量为一恒定值，即 0.16 倍的外应力。

在基于自由电子理论的计算结果中（表 5-13），很小的电流密度就能导致金属流动应力明显降低，这是与实验结果不相符的，这一错误的理论计算结果是由自由电子理论本身所造成的。在电场的作用下，自由电子在定向漂移过程中会不断地与金属离子和杂质等发生碰撞，这种碰撞过程被称为散射[108]。电子的散射是经典自由电子理论所不能解决的问题。

依据量子理论，金属中自由电子的能量是量子化的，构成准连续谱。泡利不相容原理指出金属电子占据这些能级的时候，首先填充最低能级，再填充次低能级，直至金属的所有电子被填充完，被占据的最高能级为费密能级。在外加电场的作用下，所有的电子都沿一定方向加速，此时散射的作用是打乱电子的运动，阻碍电场的加速作用。当两种作用相互平衡时，就形成一恒定电流。因为散射不能违背不相容原理，所以电子必然散射到能量的空态中。因此被散射的电子只能是能量最大的那些电子，也就是说并不是所有的电子都可以与离子发生能量交换，只有达到费密能级的自由电子在与金属离子碰撞时，才会将能量传递给离子，才有可能对位错的激活能产生影响。在基于自由电子理论的公式推导过程中，认为所有的电子在碰撞过程都会将自身的能量传递给离子，这势必会导致位错激活能改变量的增加，得出错误的结果。

尽管自由电子理论在金属电塑性效应的定量研究上无法取得令人满意的结果，但是利用理论推导结果却可以定性地描述电塑性效应中应变速率变化量与金属物理参数之间的关系，对不同金属间电塑性效应的差别以及金属物理参数对电塑性效应的影响给出合理的解释。

5.4.2 理论计算与实验结果的对比分析

依据本章第 5.3.8 节关于电参数的选择结果，这里只给出了流动应力随电流密度的变化关系曲线。另外，考虑到基于自由电子理论计算的纯电塑性效应对流动应力的影响结果偏差较大，在理论计算和实验对比图中只给出了另外两种计算方法的结果，如图 5-18 所示，图中的纯电塑性效应对流动应力的影响曲线来源于图 5-16。从图 5-18 中可以看出，基于量子理论的计算值与实验值更为相符，当电流密度大于一定的数值时，位错滑移理论的计算结果与实验结果存在一定的偏差，这与有效应力值的选取有关，本书依据现有的实验结果[103]，选取有效应力为外应力的 0.16 倍，但相同金属间的有效应力值会因为长程内应力的不同而略有差别，依据式（2-38），有效应力越大，电流对流动应力的影响越小，因此有效应力取值过大是导致位错滑移理论的计算结果与实验结果之间存在较大偏差的原因。

当电流密度大于 2000 A/mm^2 时，实验值与理论计算值偏差逐渐增加，温度变化是导致该偏差的主要因素。从表 5-10 中可以看出，实验中当电流密度从 2000 A/mm^2 增加至 4000 A/mm^2 时，试样温升从 10.3 ℃增至 38.7 ℃，温度较为明显的升高会导致理论计算公式中相关物理量的变化；另外当温升较大时，丝材的热膨胀也会对拉拔力产生一定的影响。图 5-18 中基于位错滑移理论和量子理论计算得出的流动应力变化曲线中没有考虑以上两个因素的影响，当温升较大时就会导致理论计算值与实验结果存在一定的偏差。

另外，依据理论推导结果纯电塑性效应中导金属流动应力随电流密度的降低有一限值，即应力降低值等于有效应力值。此后，纯电塑性效应导致的金属流动应力的降低量为一恒定值。实验中流动应力随电流密度增加而持续下降的现象是由温度的不断升高所引起的。

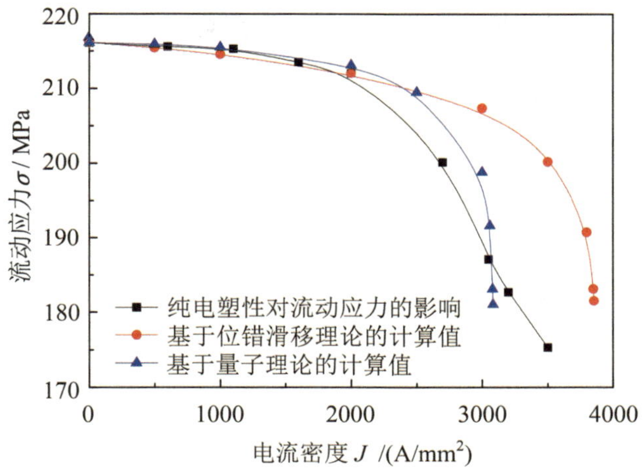

图 5-18　流动应力的实验值与计算值的对比

图 5-18 清晰地表明，无论是实验曲线还是计算曲线，流动应力与电流密度之间都呈现抛物线的变化关系，这是由于热激活的概率由玻耳兹曼因子 $\exp(-\Delta H/kT)$ 决定，且 $\dot{\varepsilon}_e = \dot{\varepsilon}\exp(\Delta H/kT)$，所以应变速率随激活能呈 e 的指数次幂变化，这将导致流动应力也随激活能的增加呈现抛物线曲线变化。

本章针对电塑性实验用纯铜丝的热拉伸实验数据拟合得出了该材料拉伸塑性变形过程的本构方程，并通过方差检验验证了回归结果的显著性。然后在常规的纯铜塑性变形过程本构方程的基础上叠加了电流对应变速率和变形温度的影响，进而得出了电流作用下的金属流动应力值的理论计算公式。对金属的电塑性拉伸过程进行了实验研究，实际测量了电流对金属流动应力的影响。将实验测量值和理论计算值进行了对比分析，探讨了金属流动应力降低随电流密度的变化关系以及造成测量值和理论计算值二者之间存在差异的原因。主要结论如下：

（1）电流作用下的金属流动应力值随电流密度的增加而减小，二者大体呈现抛物线关系的变化形式。

（2）在纯电塑性效应中，金属流动应力对脉冲宽度和频率的变化不敏感。

（3）在三种理论计算结果中，自由电子理论在金属电塑性效应定量研究的结果上存在较大的偏差，这是由自由电子理论本身所造成的；当电流密度大于一定的数值时，位错滑移理论的计算结果与实验结果存在一定的偏差，这与有效应力值的选取有关；基于量子理论的计算值与实验值更为相符。

（4）采用性能好、功率大的 GTR 模块，可以实现一种电流峰值大、脉冲矩形波形好、满足电塑性加工及理论研究要求的脉冲电源装置。

第 6 章　电塑性拔丝加电装置的设计及分析

电塑性拔丝不但可以提高丝材的各项性能指标，还能降低成本，并且由于减少或消除了道次间的退火次数，也能减轻对环境的污染。电塑性拔丝具有很好的工业应用前景。对电塑性拔丝加电装置进行深入研究，有利于该技术实际工业应用的推广。下面首先简要介绍电塑性拔丝装置的各个组成部分，然后通过理论分析并引用已有实验事实，来详细讨论分析电塑性拔丝加电装置的设计所需要考虑的各种问题。

6.1　电塑性拔丝装置的构成

电塑性拔丝装置由普通拔丝机、脉冲发生器和将脉冲电流引入丝材塑性变形区的加电装置三个部分组成。

6.1.1　单模普通拔丝机

单模的普通拔丝机一般包括拔丝模具、收线辊、放线辊、润滑冷却装置以及机身机架几个部分组成。多模拔丝机则会再加上在线退火、表面处理及其他控制装置。不包括润滑冷却装置及机身机架辅助部分的普通拔丝机结构示意简图如图 6-1 所示。

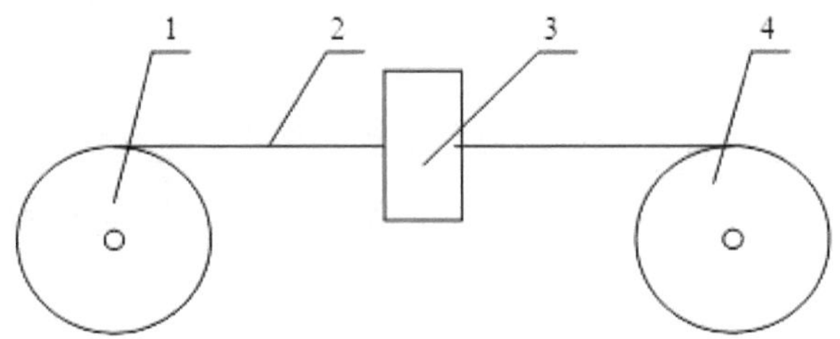

1—放线辊；2—丝材；3—拔丝模具；4—收线辊

图 6-1　普通拔丝机结构示意简图

6.1.2　脉冲电源

在电塑性拔丝时，电塑性效应的发生需要流过变形区的电流具有一个不小于某一临界值 J_c 的电流密度值，J_c 的典型值在 $10^2 \sim 10^3$ A/mm^2 数量级之间，对于不同的材料 J_c 一般具有不同的取值。拔丝时，不同的拉拔道次丝材具有不同的直径，不同材料的丝材又具有不同的电阻率，甚至有些时候两个电极之间的丝材长度还不相同。也就是说，在电塑性效应产生所需要的电流密度值一定时，电塑性拔丝所需要的电压值是变化的。因此，电塑性拔丝需要电压可调的电源。

另一方面，丝材的拉拔会使模具有较大的温升。实际测定表明，在一般拉拔速度条件下，低碳钢丝拉拔一道次后的平均温升为 60～80 ℃，而高碳钢则达到 100～160 ℃。虽然拉拔时产生的大部分热量被钢丝带走，但是钢丝与模具接触，大约会有13%～20%的热量被模具吸收，造成模较大的温升。模具温度过高对丝材的拉拔具有很大的危害，比如会引起润滑剂的失效、造成丝材力学性能的下降、使得丝材的表面质量下降，严重时甚至会发生断丝从而导致正常的丝材拉拔过程无法继续进行，最重要的是高温会加速模具的磨损，大大降低模具的使用寿命。因此，在电塑性拔丝时，应使电塑性效应在丝材塑性变形区发生作用的同时，能够尽可能地减小因电流焦耳热效应引起的温升。解决的办法是采用脉宽很窄的脉冲电流，这样，由于电流不是持续的，而且由于脉宽很窄（30～100 μs），同时脉冲间隔较大，由焦耳热产生的丝材和模具温升自然就会大大降低。同时实验已经证明，相同电流密度的直流电流、交变电流和脉冲电流相比，脉冲电流的电塑性效应是最明显的。因此，电塑性拔丝需要可产生脉冲电流的电源。

综上所述，电压、脉宽和频率均可调的脉冲电源发生器对于电塑性拔丝是必不可少的。对于电塑性效应的理论和实验研究来说，波形可变的脉冲电源发生器的开发意义重大。

国内目前有好几种脉冲电源可供电塑性拔丝使用。其中燕山大学和清华大学针对电塑性拔丝分别设计了各自的脉冲电源，均能够用于电塑性拔丝的实际生产和实验研究。

6.1.3　加电装置

要使电塑性效应在丝材的塑性变形区发生，就需要将脉冲发生器输出的脉冲电流通过一套加电装置引入。丝材在拉拔过程中是运动的，因此电塑性拔丝加电装置和丝材之间的连接是动接触。加电装置由两个电极组成，电流自脉冲电源正极流出，通过电极和丝材建立的动接触流过塑性变形区后，再经过另一个动接触到达电极，最终流回电源负极。电极和丝材的动连接，需要保证良好的接触，从而避免局部由于电流的集中产生打火和过热，影响丝材的质量甚至是电塑性拔丝的正常进行。具体的考虑将在本章的后面部分作详细分析。

6.2　电塑性拔丝加电装置的设计

前已述及，电塑性拔丝的加电装置很简单，就是和丝材通过动接触连接在一起的两个电极。但是，两个电极具有什么样的形状、选择什么样的材料来制造以及如何对它们进行布置，则需要结合电塑性拔丝的特点以及其他相关因素作详细的考虑。

基本的原则有三点：电塑性效应的最大化，能量消耗的最小化，丝材拉拔质量的最优化。电塑性拔丝加电装置的具体设计则通过对能够影响这三点基本考虑的所有因素作详细分析而得出，其中电塑性效应的最大化是最重要的，它在电塑性拔丝加电装置的设计中是首要考虑的问题。

下面分别针对这三点基本考虑作具体详细的分析。

6.2.1　电塑性效应的最大化

在具体分析电塑性效应最大化如何实现之前，有必要对金属晶体塑性变形的微观机制作基本的了解。

1. 金属塑性变形的微观机制

金属塑性变形的发生，其实质是位错增殖和运动的结果。位错是存在于晶体中的一维线缺陷，它和晶体中其他缺陷、第二相粒子及其自身相互交互作用。在没有外应力存在的时候，位错在这种交互作用下处于平衡状态或亚稳定状态，静止不动。对晶体施加由零逐渐变大的外应力，则位错的应力状态发生改变，但由于和位错发生交互作用的其他缺陷、第二相粒子等具有一定的强度，位错仍然不能脱离这些障碍的阻挡而运动，这称为位错的扎钉。这个阶段，虽然外应力一直在增加，但是由于位错在其他缺陷以及第二相粒子的钉扎作用下并没有发生运动，因而晶体没有塑性应变产生，不发生塑性变形，但是晶格原子间的平衡距离却会改变，造成晶体在某些方向上伸长而在与其正交的其他方向上缩短。这个伸长或缩短的应变就是弹性应变，当外加应力去除后能够恢复。但是当外加应力进一步加大的时候，外加应力作用在位错滑移面上的滑移方向上的分应力就会超过在该方向上其他缺陷、第二相粒子等对位错的钉扎作用，位错便脱离钉扎位置而开始在外应力作用下向前方运动，这称为位错的解钉。位错的向前运动造成金属晶体的塑性变形。位错运动到晶体的边界（晶粒的晶界或者晶体的表面）时，位错消失，而晶体便在位错运动的方向上产生一个等于位错柏氏矢量大小的应变值。如果晶体要继续变形，则必须有新的可运动的位错出现。理论分析表明：可运动的位错越多（位错密度越高），金属晶体的塑性变形就越容易发生；位错的运动速度越快，金属晶体塑性变形的速率就越快。

2. 加工硬化

对于丝材的拉拔来说，随着塑性变形程度的逐渐增加，加工硬化现象就会越来越严重。加工硬化现象产生的原因在于：一方面，在塑性变形的过程中，位错增殖机制的启动会不断产生新位错，使位错密度变大，而同时运动位错在运动的过程中会由于塞积、交割和位错反应或形成不易（或不能）滑移的割阶与复杂的位错缠结，或形成不能滑移的定位错。这些不能继续滑移的位错由于不能运动到晶体的晶界或表面而消失，从而使得位错的密度进一步提高。位错密度的不断增加，使弹性应力场不断增大，位错间的交互作用不断增强，因而位错的运动就越来越困难；另一方面，由于越来越多的旧位错因相互之间的交互作用不断增强而最终不能再继续运动，而在那些旧位错不断产生的过程中，位错源或者因为不断消耗而减少，或者因为弹性应变场的不断增大而停止活动，两种情况都能导致新位错增殖过程的无法进行，这就使得晶体中可动位错的数量越来越少。两个不同的方面相互促进和作用，致使变形丝材硬化程度越来越严重，最终导致丝材的拉拔无法继续。

3. 消除加工硬化的方法

要想在拔丝的过程中获得较低的流变应力和较好的塑性变形能力，有两个办法：一是要打开由于各种不同原因形成的位错缠结和位错钉扎，并且使它们以较高的速率运动；二是要使尽量多的位错源启动，从而新的位错不断产生，以维持塑性变形所需要的位错密度。

传统上使用的方法是道次间的软化退火处理。将硬化严重的丝材通过一定温度下的退火处理，高度畸变的冷加工组织能够通过回复和再结晶恢复到位错密度较低、塑性较高的延性组织状态。这是因为，较高的温度下位错发生攀移运动，在回复的过程中位错发生重排、反应，由于正负号位错的相互抵消而使位错密度降低，冷加工时缠结的位错网络得以打开。随后在位错密度较高的晶界处形成再结晶核心，随着再结晶核心的不断形成和长大，位错继续被消耗从而其密度会进一步降低。这样，随着位错密度的降低，丝材的塑性得以恢复，拉拔便可以继续进行。

电塑性拔丝技术则是提高丝材拉拔塑性的另一种方法。它利用的是电流流经金属晶体时发生的电塑性效应。电流在金属晶体内流动，漂移电子和位错相互作用，能够克服加工硬化、促进位错增殖、提高可动位错密度以及增加可动位错运动速度。脉冲电流流经金属晶体塑性变形区时，漂移电子会在与其具有相同运动方向的位错上作用一种黏性拖曳力，也叫电子风力。电子风力作用在位错线上，产生一个附加的等效应力τ_{ew}，它能够帮助位错增殖，增加可动位错密度，并提高可动位错的运动速度。漂移电子在位错线上产生的附加等效应力τ_{ew}的大小是衡量电塑性效应强弱的一个重要指标。

4. 影响电塑性效应的因素

电子风力在位错线上产生的附加等效应力τ_{ew}的大小是衡量电塑性效应强弱的一个重要指标。下面推导τ_{ew}的表达式。

电子风力的大小取决于以下两个因素：漂移电子和运动位错之间的相对速度以及拖曳系数。单位长度位错上的电子风拖曳力 f_{ew} 的大小由下式决定：

$$f_{ew} = B_e(\upsilon_e - \upsilon_d) \tag{6-1}$$

式中　B_e——拖曳系数（N·s/m^2）；

υ_d——位错的运动速度（m/s）；

υ_e——漂移电子的运动速度（m/s）。

假设漂移电子作用在位错线上的等效应力为τ_{ew}，位错的柏氏矢量大小为 b，则有

$$f_{ew} = \tau_{ew} b \tag{6-2}$$

式中　b——位错的柏氏矢量

通常，υ_d 为位错的宏观平均运动速度，一般认为它的大小等于塑性变形的速度，对于电塑性拔丝来说，即为拉拔速度；而 υ_e 为漂移电子的宏观平均运动速度，它的大小由下式决定：

$$\upsilon_e = j / n_e e_0 \tag{6-3}$$

式中　j——电流密度（A/m^2）；

n_e——金属中自由电子的浓度（m^{-3}）；

e_0——电子的电量（C）。

通过式（6-1）、式（6-2）和式（6-3），可以得到漂移电子在位错线上的附加等效应力τ_{ew}的表达式如下：

$$\tau_{ew} = B_e(\upsilon_e - \upsilon_d)/b = B_e(j / n_e e_0 - \upsilon_d)/b \tag{6-4}$$

由式（6-4）可知：

（1）对于给定某种材料的电塑性拔丝过程来说，由于金属晶体的柏氏矢量 b、

电子浓度 n_e 以及拖曳系数 B_e 的大小是固定不变的，同时一个电子的电量 e_0 本身就是一个不变的常数，因此可以知道，如果拔丝速度 v_d 固定不变的话，那么电流密度值 j 越大，则等效应力 τ_{ew} 的值就越大；相应地，如果电流密度值 j 的大小固定不变，那么拔丝速度 v_d 越高，则等效应力 τ_{ew} 的值就越小。也就是说，对于给定材料的电塑性拔丝来说，要想提高电塑性效应的效果只有两条途径可取：或者增加丝材上的电流密度值 j，或者以较小的速度进行电塑性拉拔。

（2）只有当 $v_e > v_d$ 的时候，等效应力 τ_{ew} 的值才为正值，可以加速可动位错的运动。又由式（6-3）可以知道，在材料给定后，v_e 的大小是由电流密度值 j 的大小唯一决定的，这正是电塑性效应的发生存在一个临界电流密度值 j_c 的原因。

（3）需要指出，式（6-4）的获得是在 v_e 和 v_d 具有相同的方向这一前提下进行推导的。因此，理论上来说，如果 v_e 和 v_d 的运动方向相反，则式（6-4）变为

$$\tau_{ew} = B_e(v_e + v_d)/b = B_e(j/n_e e_0 + v_d)/b \tag{6-5}$$

可以看出，此时漂移电子在位错线上的等效应力 τ_{ew} 的作用是阻碍位错运动的，会造成拉拔力的升高，但这和实验结果不符合。实验上在电流方向和位错方向相反时并没有拉拔力变大的现象发生。清华大学郑明新、唐国翌等人指出：位错具有很强的衰振性，因此其对漂移电子的阻碍作用不易被和它运动方向相反的电子流所感知，所以位错运动和漂移电子运动方向相反时，等效应力 τ_{ew} 的值为零。宏观上电流的电塑性效应总是在电流方向和位错运动方向一致时才存在。

5. 电塑性效应最大化的方法

通过对电子风力作用到位错线上所产生的附加等效应力 τ_{ew} 表达式的推导及分析可知，在进行电塑性拔丝用加电装置的设计及电塑性拔丝生产工艺参数的制定时，应该满足如下几个方面的要求：

（1）保证丝材所有发生塑性变形的区域有电流流过。

（2）保证丝材拉拔方向和电流流动方向相同。因为电流流动的方向是电子运动方向的反方向，而拉拔方向是塑性变形方向（即位错运动的方向）的反方向。只有当拉拔方向和电流流动方向相同时，漂移电子运动方向才和位错运动方向相同，电塑性效应的效果才能够最大化。此时，正电极与未减径的丝材部分相连，而负电极则与减径后的丝材部分相连。

（3）在电流密度一定的时候，以较低的速度进行拉拔能够使电塑性效应更加明

显；同样地，在拉拔速度一定的时候，增大电流密度能够使电塑性效应增强。

6.2.2 能量消耗的最小化

上一章已经指出，电塑性拔丝众多优点中的其中之一便是它明显的节能环保效果。对于实际的工业生产来说，节能意味着能源开支的降低，环保意味着废气废水处理支出的减少，均能有效地降低成本。

因此，在电塑性拔丝加电装置的设计中，对能量消耗进行考虑是很有实际意义的。

1. 电塑性拔丝中的能量消耗

电塑性拔丝中的能量消耗由两部分组成：拉拔力引起的机械能消耗和焦耳热引起的电能消耗。

电塑性拔丝能够使拔丝时的拉拔力有一定程度的降低。和普通拔丝方法相比，这样减少了由于拉拔力所造成的能量消耗。这部分能量消耗的节省是由电塑性效应导致的，当电塑性效应的发挥达到最大化时，这部分能量消耗的节省也相应地达到最大化。

电流流经金属晶体的时候，由于晶格原子本身的热振动以及各种晶体缺陷的存在，自由电子在电场的作用下运动时受到阻碍运动，会有一定的能量损耗，这便是焦耳热的来源。电塑性拔丝中高密度脉冲电流流过丝材时，同样会产生焦耳热。

焦耳热导致丝材在塑性变形区内的部分有较大的温升。由于塑性变形区内的丝材和拔丝模具的内壁是直接接触的，因而，模具也会有较大的温升。模具上较大的温升对丝材的拉拔过程是不利的，它可能会引起润滑剂的化学分解和焦化，严重的时候甚至能使已经建立起来的润滑层遭到破坏并导致其失效；而且，过高的温度会加速模具的磨损过程，降低模具的使用寿命；另外，模具温度较高时不但会引起丝材力学性能的下降，还能使丝材表面质量下降甚至发生断丝现象。因此，需要采取一定的措施尽量减少丝材拉拔过程中的焦耳热。

2. 金属的焦耳热温升

电流在金属中流动的过程中，会有焦耳热产生。从微观上来说，焦耳热的产生来源于金属晶格原子本身的热振动以及各种晶体缺陷对电场作用下自由电子运动的阻碍作用。在宏观上，焦耳热的产生与金属材料的电阻率是密切相关的——金属的电阻率越大，焦耳热效应就越明显。

取一段丝材，设其长为 l，半径为 r，电阻率为 ρ_R。则其电阻 R 为

$$R=\rho_R\frac{1}{A} \tag{6-6}$$

式中　A——丝材的截面积，其值由下式决定：

$$A=\pi\cdot r^2 \tag{6-7}$$

给这一段丝材的两端施加一个固定的电压值，使通过丝材的电流密度值为j，则通过丝材的电流I的大小为

$$I=jA=j\pi\cdot r^2 \tag{6-8}$$

假设电压的持续时间为τ，那么，在电压持续时间内，产生的焦耳热Q_j的热量值为

$$Q_j=I^2R\tau \tag{6-9}$$

又因为一定质量m、一定比热C的物体吸收热量Q_s造成温升ΔT时有如下关系：

$$Q_s=Cm\Delta T \tag{6-10}$$

对于长度为l、半径为r、质量密度为ρ_m的一段丝材，m值为

$$m=\rho_m V=\rho_m lA=\pi l\rho_m r^2 \tag{6-11}$$

式中　V——该段丝材的体积（m^3）。

又因为焦耳热被吸收转化为丝材的温升，即Q_s=Q_j，于是有

$$Q_s=Cm\Delta T=Q_j=I^2R\tau \tag{6-12}$$

于是可得电压持续时间τ之后电流经过的丝材区域温升ΔT：

$$\Delta T=\frac{I^2R\tau}{Cm} \tag{6-13}$$

通过式（6-6）和式（6-7）联立求得R值，然后连同式（6-8）中的I值及式（6-11）中的m值一同代入式（6-13）中，即可得电压持续时间τ之后电流经过的丝材区域一点的温升ΔT：

$$\Delta T=\frac{\left(\pi^2j^2r^4\right)\cdot\left(\rho_R\frac{1}{\pi r^2}\right)\cdot\tau}{C\cdot l\pi\rho_m r^2}=\frac{\tau\rho_R j^2}{C\rho_m} \tag{6-14}$$

观察式（6-14）可以看出，当电流流经金属晶体时，某一点处的温升只和金属晶体的物理性质（电阻率ρ_R、比热容C和质量密度ρ_m）、通电时间以及该点处的电流密度值j的大小有关，而与金属晶体的几何形状和尺寸大小无关。

3. 电塑性拔丝时的焦耳热温升

对于电塑性拔丝，由于所用电流为具有一定频率f的脉冲电流，所以如果两个电

极之间的距离为 s，而拉拔速度为 υ，那么丝材上任意一点（记为点 P）自从与正电极接触到与负电极分离所经历的时间 t 为

$$t=\frac{s}{\upsilon} \tag{6-15}$$

时间 t 内，点 P 处所经历的脉冲个数 n 为

$$n=\frac{t}{1/f}=tf \tag{6-16}$$

式中　f ——脉冲电流频率（Hz）。

假设所用脉冲电流的脉冲持续时间为 τ_d，那么点 P 在时间 t 内的通电累计时间 τ 为

$$\tau=n\tau_d \tag{6-17}$$

联立式（6-15）、式（6-16）和式（6-17）求得 τ 值，然后将其代入式（6-14）便可以求得电塑性拔丝时丝材上一点的最大焦耳热温升 ΔT：

$$\Delta T=\frac{\tau\rho_R j^2}{C\rho_m}=\frac{sf\tau_d\rho_R j^2}{\upsilon C\rho_m} \tag{6-18}$$

分析式（6-18）可知，影响电塑性拔丝时丝材任意一点 P 处最大温升 ΔT 的因素较多，丝材的物理性质（电阻率 ρ_R、比热容 C 和质量密度 ρ_m）、脉冲电流参数（频率 f、脉冲持续时间 τ_d）、点 P 处的电流密度值 j、电极模具间距 s 以及拉拔速度 υ 均对 ΔT 存在影响。

需要注意的是，式（6-18）表明电极模具间距 s（也即通电丝材段的长度）能够影响丝材上任意一点 P 在电塑性拉拔中的最大温升 ΔT，这似乎是和式（6-14）中“一点处的温升和金属晶体的几何形状及尺寸无关”相互矛盾。其实不然，因为电塑性拉拔时所加的电流为具有一定频率的脉冲电流，所以，对于一定拉拔速度下的电塑性拔丝，通电丝材段的长度（即电极模具间距）就决定了点 P 在电塑性拔丝过程中所经历的脉冲个数，电极模具间距 s 实际反映的是点 P 处电流密度 j 起作用的累积时间 τ。因此，点 P 的温升仍然是和丝材的几何形状及尺寸无关的。

还须指出，式（6-14）和式（6-18）的推导均没有考虑金属与环境之间的热量交换以及金属晶体内的热传导，并且在推导式（6-18）时将脉冲电流作用下的电流密度值 j 作为常数对待，所有的材料物理性质也被当作固定不变的，而且也没有考虑电塑性拔丝变形区前后电流密度的变化，这样做的原因在于要避免非线性问题解析求解时会遇到的极大的困难。另外，这样的简化处理完全不影响本书定性分析的结果，而且能够更明白和直观地说明问题。

最后，因为公式（6-18）的推导过程中点 P 的选取是任意的，所以 ΔT 值的计算适用于丝材上的任意位置。

4. 能量消耗最小化的措施

电塑性拔丝的能量消耗包括拉拔力引起的机械能消耗和焦耳热引起的电能消耗两部分，我们主要考虑的是由焦耳热引起的电能消耗部分。

焦耳热引起的电能消耗转化为丝材的温度升高。因此，丝材的焦耳热温升是衡量电塑性拔丝能量消耗的标准。

通过对电塑性拔丝时丝材上焦耳热温升的分析可知，丝材的物理性质（主要包括电阻率 ρ_R 、比热容 C 和质量密度 ρ_m ）、脉冲电流参数（主要包括脉冲频率 f、脉冲持续时间 τ_d）、点 P 处的电流密度值 j、电极模具间距 s 以及拉拔速度 v 等因素均对丝材任意一点 P 处最大温升 ΔT 造成影响。但具体到电塑性拔丝加电装置的设计以及电塑性拔丝工艺的设定时，所要考虑的原则主要如下：

（1）尽量缩短电极模具间距 s。因为电极模具间距 s 越小，温升 ΔT 就越低；

（2）在满足电塑性拔丝时电塑性效应最大化要求的前提下，应尽量使脉冲持续时间 τ_d 和电流密度值 j 较小。因为 τ_d 和 j 值越小，温升 ΔT 就越低；

（3）在满足电塑性拔丝时电塑性效应最大化要求的前提下，应尽量减小脉冲频率 f，因为 f 值越小，温升 ΔT 就越低；

（4）在满足电塑性拔丝时电塑性效应最大化要求的前提下，应尽量提高拔丝速度 v，因为 v 值越大，温升 ΔT 就越低。

6.2.3　丝材拉拔质量的最优化

丝材的拉拔质量包括两个方面：拉拔过程的平稳性以及拉拔后产品的力学性能和表面质量。

对于丝材的拉拔过程来说，平稳性能够保证拉拔的顺利进行，同时也能影响到拉拔后丝材成品的力学性能及表面质量状况；对于成品来说，要满足一定的使用要求就必须具备相当的表面质量和力学物理性能。因此保证丝材拉拔质量的最优化是电塑性拔丝用加电装置设计时需要考虑的一个重要方面。

1. 电塑性拔丝对力学性能的影响

一般认为，电塑性拔丝时丝材产品良好力学性能的获得是电塑性效应在丝材变形区内发生作用的结果。拉拔丝材时，脉冲电流作用下漂移电子顺着塑性变形区运动的方向流动，运动电子与位错相互作用，帮助打开位错缠结，使塑性变形过程变得更加容易进行，这就避免了局部的应力集中形成裂纹扩展源。结果就是，一方面增加了丝材的塑性变形能力，能够使拔丝过程顺利进行；另一方面，成品由于具有比较均匀的组织和较小的应力集中，力学性能得到了提升。不仅如此，电塑性效应还对材料的微观组织存在着影响，比如能够细化晶粒、抑制或者促进形变诱发相变的发生，这些都能够对丝材产品的力学性能造成不同程度的影响。

2. 电塑性拔丝对表面质量的影响

脉冲电流的引入产生电磁振荡效应和电磁压缩效应，能够使丝材拉拔时的摩擦系数降低，这是丝材表面质量得以提高的主要原因。清华大学张锦对电塑性拔丝过程中的摩擦学特性进行了研究，结果发现在所有的情况下加电拉拔的摩擦系数都要比未加电普通拉拔时的摩擦系数低。然而，对这个现象的解释目前还存在分歧，大致有三种观点存在：

（1）振动说。如上所述，该观点认为加电拉拔由于脉冲电流的引入产生电磁振荡和电磁压缩效应，这两种效应引起丝材的振动，这种振动引起摩擦系数的降低。

（2）硬度说。该观点认为引入脉冲电流能够改变金属的硬度，硬度的改变是摩擦系数降低的原因。根据摩擦学理论，影响摩擦系数的主要因素是两金属表面的表面能及其相容性，且金属的表面能和金属的硬度有直接的联系。拔丝过程中引入脉冲电流，电塑性效应的发生提高了丝材塑性的同时降低了其硬度，进而影响到它的表面能，从而造成了摩擦系数的减小。

（3）电荷说。这种观点认为脉冲电流引起的模具和丝材接触面上电荷分布的改变是摩擦系数降低的原因。电荷存在于金属表面时会造成表面能和硬度的增加。普通拔丝的时候，模具与丝材的接触面上由于接触温度的升高会使两个摩擦面之间产生一定的自生热电势，从而在接触表面上集聚电荷，这将导致摩擦系数的增加。当进行电塑性拔丝时，随着高密度脉冲电流的引入，接触面上的电荷就会发生转移，从而使摩擦系数降低。

不同丝材直径时（对应的是不同的拉拔道次）电塑性拔丝和普通拔丝时摩擦系数的差别如图 6-2 所示。

研究表明，利用电塑性拔丝技术拔制出的丝材成品表面光滑光亮，无划伤、毛刺、竹节等缺陷。

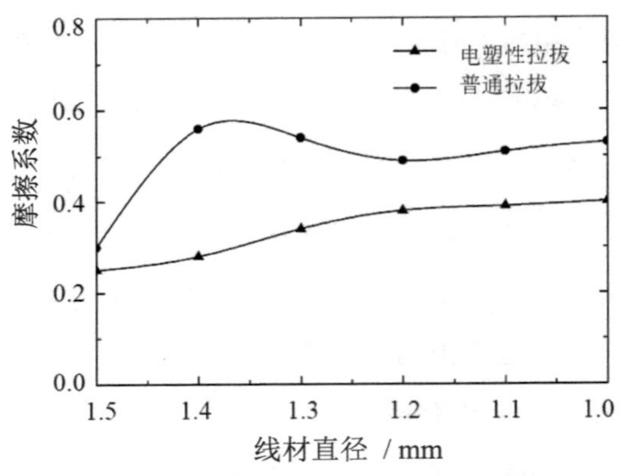

图 6-2　电塑性拔丝和普通拔丝时的摩擦系数

3. 电塑性拔丝对拉拔过程稳定性的影响

电塑性拔丝增加了丝材的塑性，提高了丝材的塑性变形能力，而且还能减小丝材和模具之间的摩擦系数，这些对于拉拔过程的稳定性而言都是积极的因素。

4. 电塑性拔丝存在的问题

大量的研究已经证明电塑性拔丝能够获得力学性能和表面质量均更加优良的丝材产品。但同时，电塑性拔丝也存在一些问题，这些问题如果得不到有效的解决就有可能会影响丝材的拉拔质量。

打火现象便是在电塑性拔丝的时候一直存在而且到目前为止仍没有得到较好解决的一个问题。电极和丝材滑动接触，由于拉拔过程中接触不稳定以及接触自身的问题，会造成接触面边沿处电流的极大集中，如果电流集中处的电流密度大到一定的程度，就会发生打火现象。

实验表明，打火现象的危害很严重。一般会很明显地影响丝材拉拔后的表面质量，降低丝材的力学使用性能。如果打火现象比较严重，就可能造成频繁的断丝，使拉拔过程无法进行。

打火是因为局部区域的电流密度过大而产生的。接触的不稳定和接触方式的不恰当都会引起打火现象的发生。如果接触不稳定，就会在某个瞬间丝材与电极之间的连接状态为虚连，所有的电流集中从接触面上的某一个或者若干个点处通过，发生打火现象；对于接触方式，如果电流在流动的过程中改变方向时，方向改变得越剧烈，电流在方向改变处就会越集中。具体到电塑性拔丝，电极和丝材连接处的电流方向改变越剧烈，连接处的电流集中就越严重，打火现象就越容易发生。

打火影响拉拔后丝材表面质量甚至严重时引起断丝的原因在于，电流在局部区域集中造成的电流密度分布不均匀引起了丝材不同部位温度的巨大差异。由式（6-14）或式（6-18）可知，电塑性拔丝时，在其他因素均固定不变的情况下，任意一点 P 的温升 ΔT 和该点处电流密度 j 的二次方是成正比的，即

$$\Delta T = kj^2 \tag{6-19}$$

其中的 k 在只有电流密度 j 变化时是常数。由于电塑性拔丝时丝材上的电流密度非常大，再考虑到 ΔT 和 j 的二次方关系，因此，电流的稍微集中就会造成丝材不同区域温度的巨大差异。

丝材不同部位温度的巨大差异会影响其微观组织的均匀性以及力学使用性能；打火处的丝材表面会由于高温而软化，这样会造成和其他部位相比变形的不均匀性，影响丝材的表面质量；如果丝材表面的这种软化较严重，也就是说打火现象更严重，丝材就可能会因为局部强度的过大降低而迅速发生颈缩，从而导致断丝。

5. 丝材拉拔质量最优化的措施

由上面的分析可知，塑性变形区内电塑性效应的发生以及脉冲电流对摩擦系数的影响都是有利于丝材拉拔质量的因素。然而，由于电流局部集中造成的打火现象会极大地损害丝材的拉拔质量，因此，要使丝材拉拔质量最优化就必须设法控制或消除打火现象的发生。可以采取的措施有两个：第一，保证接触稳定，避免因接触不稳定而打火的现象发生；第二，改进接触方式，缓和电极和丝材连接处电流方向改变的剧烈程度，减轻该处的电流集中程度。

6.3　电塑性拔丝加电装置的研制

6.3.1　电极位置

电塑性拔丝要求丝材在模具的塑性变形区内有电塑性效应发生，因此电极的布置必须能够保证模具的整个塑性变形区均有电流流过。满足这个要求的电极布置方案有如图 6-3 所示的四种。

在图 6-3 中，箭头代表丝材运动的方向，正电极指的是与电源正极相连的电极，同样地，负电极则代表与电源负极相连的电极，拔丝模指的是模芯变形区。可以看到，四种电极的布置方案中正电极均与将要进入拔丝模的丝材相连，而负电极均与已经离开拔丝模经过减径的丝材相连，电流的流动方向和丝材的运动方向是相同的。这样做的原因如下：在金属中，漂移电子的运动方向和电流的流动方向是相反的；而在丝材

的拉拔中，塑性变形的方向（即是位错运动的方向）和丝材运动的方向也是相反的。因此只有当电流的流动方向和丝材的运动方向相同时，漂移电子的运动方向和塑性变形区内位错运动的方向才会相同，电塑性效应才能够最大化。

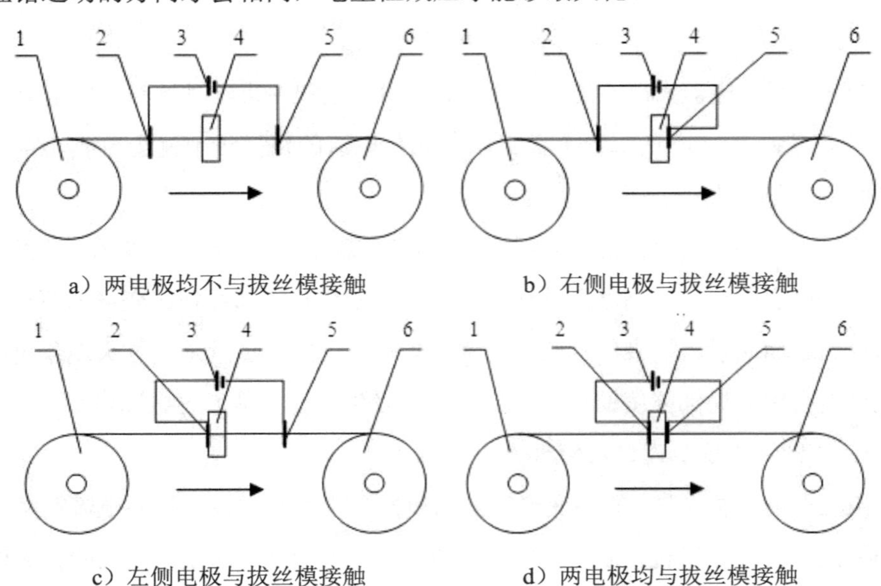

a）两电极均不与拔丝模接触　　b）右侧电极与拔丝模接触

c）左侧电极与拔丝模接触　　d）两电极均与拔丝模接触

1—放线辊；2—正电极；3—脉冲电源；4—拔丝模；5—负电极；6—收线辊

图 6-3　四种满足电塑性拔丝要求的电极布置方案

由上面的分析可知，仅仅从电塑性效应最大化（也即是漂移电子运动方向要和塑性变形区内位错的运动方向一致）这一要求来看，图 6-3 中的四种电极布置方案都是满足要求的，但是它们仍存在较大的不同。图 6-3 a）所示的第一种方案，在丝材进入拔丝模具之前以及丝材离开拔丝模具之后的一定长度内均受脉冲电流的作用；图 6-3 b）所示的第二种方案，只有在进入拔丝模具之前的一定长度的一段丝材受脉冲电流的作用，由于负电极直接连到了拔丝模具的右侧，因此经历了塑性变形之后的丝材在离开了拔丝模具以后就不再受脉冲电流作用了；图 6-3 c）所示的第三种方案和第二种方案刚好相反，将要进入拔丝模具的未经塑性变形的丝材不再受脉冲电流的作用了，而经历过塑性变形之后已经离开了拔丝模具的一段丝材仍然受脉冲电流的作用；图 6-3 d）所示的第四种方案中，两个电极直接连到了拔丝模具的两侧，因此只有模具内的那段丝材受脉冲电流的作用。

需要指出，在四种电极布置方案中，未和模具直接相连的电极位置是可以移动的。实际上，对图 6-3 a）所示的第一种方案来说，如果正电极的位置固定不动，将负电极不断向模具方向移动，当负电极运动到模具右侧位置时，就变成了图 6-3 b）所示的第二种方案；如果负电极的位置固定，将正电极不断向模具方向移动，那么当正电极运动到模具左侧位置时，就变成了图 6-3 c）所示的第三种方案；如果正负电极的位置均不固定，而是将它们同时向模具方向移动，则当正负电极分别运动到模具的左侧和右侧时，就变成了图 6-3 d）所示的第四种方案。也就是说，四种能够满足电塑性拔丝要求的电极布置方案并没有本质上的区别，只不过是以模具两侧作为参考时正负电极几个极限位置的不同组合而已。具体电极处于哪一个位置效果最优，其实是电极模具间距的确定问题，详细的分析将在下一小节进行。

很明显，以模具两侧作为参考时正负电极几个极限位置的不同组合不止图 6-3 中所示的四种情况。另外两种情况如图 6-4 所示，它们是不满足电塑性拔丝的要求的。

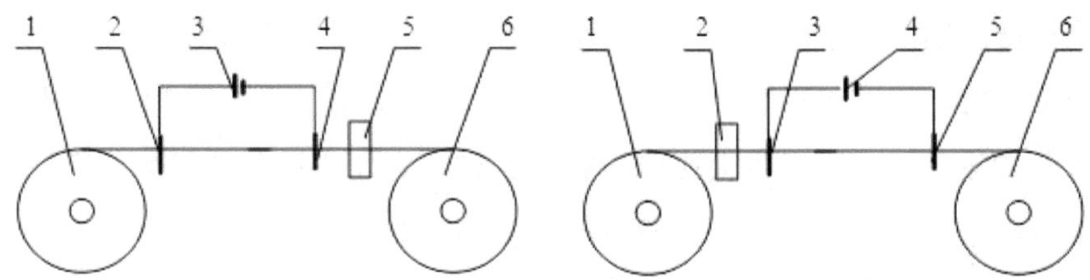

a）两电极均位于拔丝模左侧　　b）两电极均位于拔丝模右侧

1—放线辊；2—正电极；3—脉冲电源；4—负电极；5—拔丝模；6—收线辊

图 6-4　两种不满足电塑性拔丝要求的电极布置方案

可以看出，图 6-4 中的两种电极布置方案由于电流不能流过拔丝模内的丝材塑性变形区，因而均不能作为电塑性拔丝的加大方案。然而，在多道次连续电塑性拔丝生产中，方案 a）和方案 b）却可以分别作为某一个道次及其下一道次之前的电脉冲在线退火装置的电极布置方案。

6.3.2　电极模具间距

电极模具间距，即“电极和模具之间的距离”的简称，它指的是电极和模具模芯两近侧边沿之间的距离。

前一小节中，列举了所有可能的电极位置，并确定了四种可以用于电塑性拔丝的电极布置方案。已经知道，四种可用的电极布置方案并无本质的区别，只不过是电极和模具之间的距离不同而已。因此，很自然地就想知道，到底电极模具间距为多少的时候电塑性拔丝的效果最好。

为此，再一次对图 6-3 中满足电塑性拔丝要求的四种电极布置方案进行分析。对于图 6-3 a）所示的第一种方案，这种加电方式在丝材离开拔丝模具之后仍有一段丝材受脉冲电流作用，这一方面固然可以当作对丝材拉拔后的一种脉冲处理，有可能会提高产品的最终性能；但另一方面，仅考虑加工过程，这更加有可能由于脉冲电流的作用造成刚出变形区的丝材软化，或者由于电极和丝材的接触因不稳定而产生打火现象。刚出变形区的丝材软化会导致拔制后的丝材发生额外的变形，这会影响最终的产品尺寸和形状，降低产品质量；而接触打火造成局部温度过高就会产生断丝的现象。对于图 6-3 b）、图 6-3 c）和图 6-3 d）所示三种加电方案，共同的特点是相当于将拔丝模具作为电极引入脉冲电流，这固然可以有效地克服打火现象的发生（此时接触良好），其中图 6-3 b）和 6-3 d）所示的方案还能克服第一种加电方式可能会造成的丝材软化（丝材出模具后不再受脉冲电流作用）问题，但却会造成脉冲电流输入时拔丝模具的震动。震动的存在虽然会减小丝材和模具间的摩擦而进一步降低拉拔力，有利于丝材拔制的进行，但同时也会影响拉拔后丝材的表面质量和性能的稳定性。另外，由于大部分丝材拉拔时所用的拔丝模具材料为硬质合金，具有较高的电阻率，这样大密度脉冲电流通过作为电极的拔丝模具时必然会产生大量的热量，使模具温度过高，对模具会造成一定程度的损伤，影响模具的使用寿命。

综上可知，四种电极布置方案均非最优。但相比较来说，实际的拔丝生产希望在任何情况下对模具的损伤应该最小（模具损伤决定模具寿命，而模具寿命是影响拔丝生产成本和效率的极其重要的一个因素），因而应该舍弃后三种电极布置方案而选用第一种，只是需要针对上述分析存在的缺点对其加以改进。

改进的原则是既要保证电极不和拔丝模模芯接触而对拔丝模模芯造成损伤，又要保证变形区内电流密度的分布尽可能地均匀，还要保证丝材出变形区后不会因焦耳热和电塑性效应造成太明显的软化。

这就是说，一方面，需要电极离拔丝模模芯足够远；另一方面，又希望电极离拔丝模模芯足够近。这是一对矛盾，而最佳的加电方式，应该取自这一对矛盾达到相对平衡的那个状态。

解决问题的途径有两个：第一，优先考虑模具的损伤和电流在变形区的分布情况，则可以简单地认为能够使电流密度在模具后侧进入变形区时刚好沿丝材径向均匀分布（也即沿整个断面均匀分布）时的电极模具间距最好（此时的电极模具间距最小），记为理想电极模具间距 l_1；第二，在考虑模具损伤和电流密度分布的前提下，还考虑丝材出变形区后的软化情况，也会得出一个理想距离 l_2，并且易知，$l_1>l_2$。但困难在于，即使可以暂且认为温度对材料的软化易于量化，由于目前对电塑性效应本身还没有完全地认识清楚，对因电塑性效应造成的材料软化没有办法进行量化分析，因而这种方法是无法实现的。即使是借助于实验的测定，也会因为材料种类的不同而表现出不同的软化程度。因此，权衡利弊，应该选择第一种方法。

由于丝材内部的电流密度无法直接进行测量，也很难通过解析的方法求出，因此要想通过丝材内部电流密度的分布情况来确定理想距离 l_1，就需要借助数值模拟的方法。本书利用 ANSYS 软件，通过数值模拟的方法来研究和分析电塑性拔丝时丝材内部的电流密度分布情况，进而确定电极距模具的理想间距 l_1。具体的模拟过程和结果，将在 6.4 节作详细介绍。

6.3.3　电极丝材接触方式

电极和丝材之间的接触方式对于电塑性拔丝是很重要的。因为它不但能够影响到拉拔后丝材的力学使用性能和表面质量，还对丝材拉拔过程的稳定性有很大影响。

典型的电极丝材接触方式有如图 6-5 所示的三种。

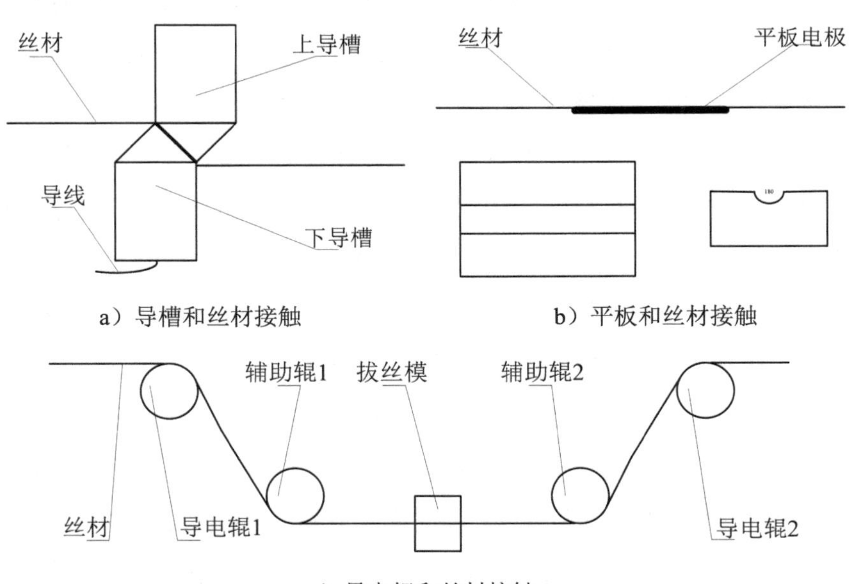

图 6-5　电塑性拔丝电极丝材接触方式

为简单起见，图 6-5 中 a）和 b）两种接触方式只显示了拔丝模具一侧的电极和丝材接触情况，因为另一侧的情况和显示的这部分是以拔丝模具为对称点完全对称的，具体可以参考图 6-5 c）的对称情况。

对于图 6-5 a）所示的接触方式，上下导槽均一半为块状，两个导槽之间为面接触，接触面上开有沟槽，可以增加丝材与电极的接触面积。另外上下导槽均可以上下移动，目的是使抱丝的松紧程度可调。一方面，该接触方式抱丝松紧程度的调节比较麻烦；另一方面，由于加电时只有部分丝材表面参与电接触，接触面积必然较小，因此这种接触方式的打火现象会比较严重。

对于图 6-5 b）所示的接触方式，平板电极上开有沟槽，一方面是为了丝材的定位，另一方面也能够增大丝材和电极的接触面积。在图的下半部给出了平板电极的俯视图和侧视图。在实际使用的时候，平板电极也可以位于丝材的上方，并且位置是可以上下移动的，好处是可以调节丝材和电极之间的接触压力，调整接触状态。这一种接触方式如果能够适当地增加平板长度，而且在远离拔丝模具的平板一侧引入脉冲电流，可以在很大程度上减少打火现象发生的概率。缺点是，由于电极总是位于丝材的上方或者下方，因此脉冲电流作用时就必然会出现丝材某一侧电流密度大于相对一侧的情况出现，结果可能会因为这种电流密度分布的差异造成丝材组织结构表现出不均匀性；另外，为调整接触状态，平板电极的下压会使丝材在进入拔丝模时与拔丝模的中心线不在同一直线上，结果可能会影响到模具的寿命和丝材的表面质量。

对于图 6-5 c）所示的接触方式，通过在导电辊的转动轴上搭连电刷引入脉冲电流，辅助辊则起改变丝材方向以保证在其进入拔丝模时与拔丝模中心线保持平行的作用。导电辊和辅助辊上均开有沟槽，保证丝材不会向辊端滑动，并且也能增加丝材和导电辊之间的接触面积。这种加电方式和图 6-5 a）中所示的加电方式一样，加电时实际参与电接触的导电辊面积是比较小的一部分，接触处电流集中非常明显，容易出现打火现象，而且装置也比较复杂，一般很少使用。

相对来说，图 6-5 b）中位置可调电极平板的接触方式在三种接触方式中实用性更强。只不过由于它结构上的原因造成丝材一侧相对于另一侧电流密度过大的弊端无法克服，如果对丝材产品的质量要求严格，那么这种装置显然是不能满足要求的。因此，针对这种接触方式的缺点，经过理论分析和数值模拟的验证，本书提出一种还未曾用于电塑性拔丝实验的电极丝材接触方式，即采用环状电极和丝材滑动接触，如图 6-6 所示。

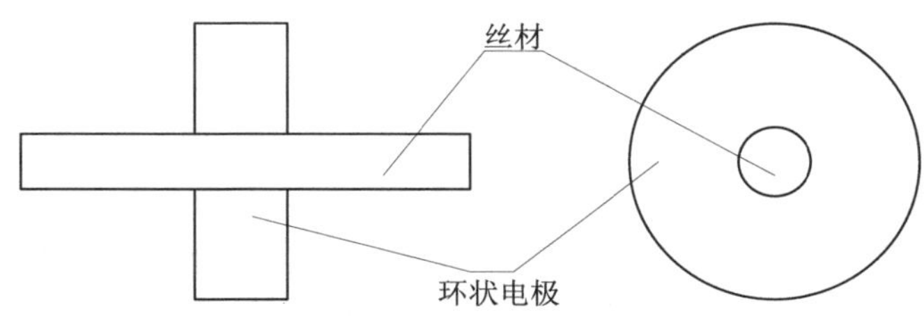

图 6-6　电极与丝材的滑动接触方式

在图 6-6 中，电极为环状电极，左边是沿丝材轴线水平放置的主视图，右边是左视图。在这种电极和丝材的接触方式中，电流通过环状电极的外圆柱面引入，电极和丝材接触的棱边处可以倒角或设计成其他的形状。这种接触方式的好处有两个：第一，丝材外表面和电极接触的整个区域接触情况相同，因而丝材各处电流密度分布关于丝材轴线轴对称，这就避免了由于电流集中于丝材的一侧流动造成组织性能的不均匀；第二，由于接触面积的变大，电流的集中就得到了缓解，而且通过电极和丝材接触的棱边处的倒角和其他形状的设计，还可以进一步减小电流集中处的最大电流密度值，能够有效地避免打火现象的发生。

同样地，这里的电流密度的分布情况及最大电流密度值的大小仍然需要借助有限元分析的方法来研究。接下来采用 ANSYS 有限元分析软件，对电塑性拔丝时电极及丝材上的电流场进行模拟和分析，研究不同条件下电极和丝材内部（尤其是电极和丝材接触部位附近）的电流密度分布情况，分析其规律，为理想电极模具间距的确定和电极丝材接触方式的选择提供参考和依据。

6.4　电极模具间距的有限元模拟研究

如前所述，确定理想电极模具间距需要分别研究电极影响区长度和模具影响区长度，均是通过分析丝材内部的电流密度分布情况来进行的。本小节将首先介绍本部分有限元模拟的模型、材料、边界条件，然后给出直观结果云图，最后通过对数据的进一步处理和详细分析，找到电极影响区长度和模具影响区长度变化的基本规律，最后确定理想电极模具间距。

6.4.1　模型的结构简图及网格划分

由图 6-7 a）所示的模型结构简图可以看出，由于模型中环形电极、拔丝模具和丝材形状上均具有轴对称性，并且三者同轴，因此在有限元模拟中采用轴对称处理。轴对称模型的有限元网格划分如图 6-7 b）所示。

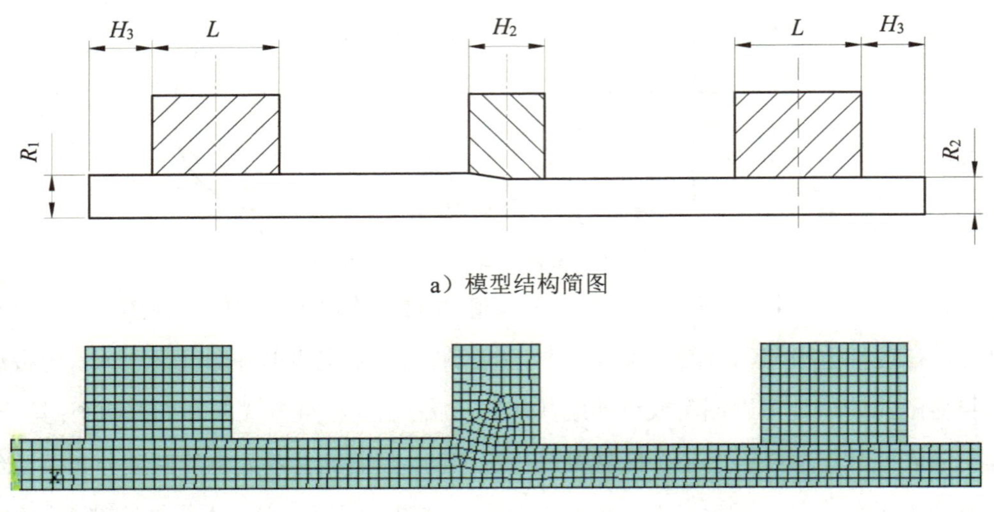

a）模型结构简图

b）模型有限元网格划分

图 6-7　模型结构简图和模型的有限元网格划分

采用轴对称模型的好处是建模简单，计算快，能够节省大量的建模和计算时间，同时又能保证数值计算的精度。

另外需要明确的是，电极及模具和丝材接触处并不进行倒角或圆角处理。原因主要有两个：第一，建模简单，划网容易；第二，模拟的结果表明，倒角或圆角处理对接触处电流密度值的影响极大，而对电极和模具影响区长度的绝对影响较小。

6.4.2　模型参数及边界条件

1. 模型几何尺寸

进行电极模具间距的有限元模拟分析时，研究的是电极及丝材上的电流分布情况，因此不需要考虑电极、模具及丝材的强度问题。进行实际的模拟时，电极、模具的具体几何尺寸如图 6-7 a）所示。模具和电极的外表面距对称轴的距离 H_1 为 1 mm；电极宽度 L 为 1 mm；拔丝模具变形区长度和定径带长度均为 0.3 mm，工作锥角 $2\alpha=18.8^{o}$；环形电极外侧距丝材端部的距离 H_3 为 0.5 mm，目的是消除丝材端部对电极影响区长度可能会造成的影响；环形电极和模具之间的距离取为 3 mm。

2. 模型材料性能

丝材材料选用 10 号钢，模具材料为硬质合金。由于电极和丝材之间为存在一定正压力的滑动接触，要求电极材料有较低电阻率的同时具有较好的抗摩擦性能，一般采用铜合金或镍合金。

电极模具间距通过研究通电时电极和丝材上的电流密度分布情况来确定，在有限元模拟时，需要输入的材料参数只有电阻率一项。实际上，通过模拟的结果可以发现，各部分电阻率的数值变化对电极模具影响区长度的影响很小。本模拟模型中各部分材料的选用情况及其性能（也即材料的电阻率）如表 6-1 所示。

表 6-1　各部件材料的选择及其电阻率

名称	丝材	电极	拔丝模具
选材	10号钢，低碳钢	铜合金	硬质合金
电阻率/（Ω • m）	5×10^{-7}	1.17×10^{-8}	9×10^{-6}

3. 模型的边界条件

模型的结构简图以及有限元网格划分情况已经示于图 6-7 中，这里不再重新画出。

ANSYS 中施加电载荷的方法有三种：在节点上施加电流密度载荷、在节点上施加电流载荷或者在节点上施加电压载荷。对于电流传导的物理过程来说，三者是完全等效的。

在垂直于轴对称线的方向上，是没有电流的流动的，ANSYS 软件会在轴对称模型的轴对称线上自动施加此类约束，不需要人为地去对它进行单独设置；左侧的电极是正电极，为高电位，因此需要约束左侧电极外表面节点的电压自由度，然后在上面施加一个需要的电流值；右侧的电极是负电极，为低电位，ANSYS 要求当在高电位处施加电流载荷和电流密度载荷时，低电位处电势为零。因此，本模拟中需要约束右侧负电极外表面节点的电压自由度，并令其为零。

其他部位为自然边界条件，程序会自动进行判断，不需要进行特殊设置。

设左侧正电极外表面施加的电流载荷值为 I，丝材某个任意截面上的丝材半径为 r，截面积为 A，而该截面上的电流密度值为 j。由于电流流动的过程中，在垂直于电流方向的截面上，电流值是相等的，所以在丝材上任意截面处有如下关系：

$$I = jA \tag{6-20}$$

A 为丝材上截面的面积，它和该处丝材的半径 r 存在下列关系：

$$A = \pi \cdot r^2 \tag{6-21}$$

将式（6-20）代入式（6-21）并稍作整理，即可得到半径为 r 的丝材截面上的电流密度 j 值，其表达式如下：

$$j = \frac{I}{\pi \cdot r^2} \tag{6-22}$$

6.4.3 模拟结果

经过有限元模型的建立和网格的划分、材料的物理性能参数输入以及模型边界条件的设定之后，就可以进行求解了。

如在前文中所述，在模拟电塑性拔丝的过程时可以忽略激励电流的时变效应，将施加在电极上的脉冲电流简化为直流电流，于是问题就简化为电流场的静态求解问题。电流场静态求解的结果如图 6-8 所示。

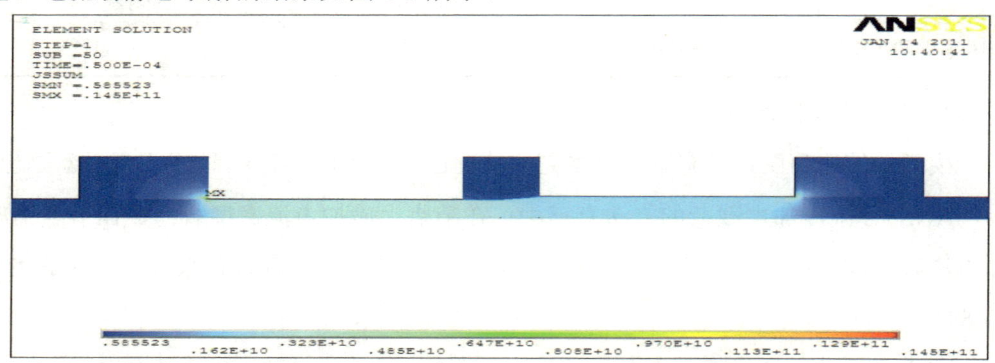

a）整体电流密度分布情况

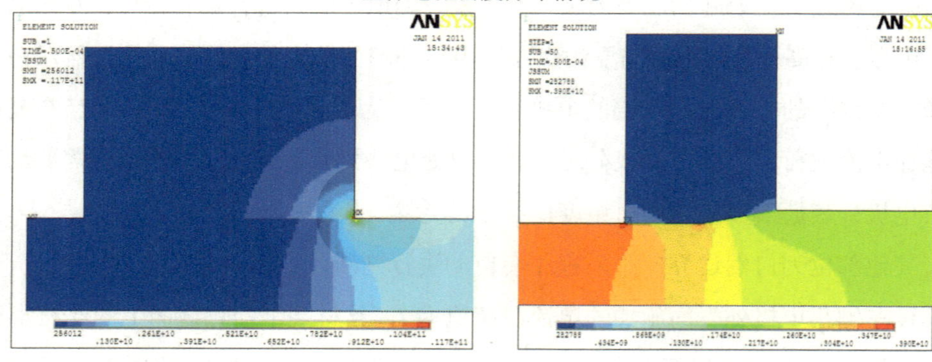

b）电极附近电流密度分布情况　　c）模具附近电流密度分布情况

图 6-8　电流密度分布云图

图 6-8 a）为电塑性拔丝时加电区间电流密度分布云图的整体情况，图 6-8 b）为正电极及其附近丝材上的电流密度分布云图，图 6-8 c）为拔丝模具及其附近丝材上的电流密度分布云图。通过图 6-8 b）和图 6-8 c）可以清晰地看到，由于电流在电极丝材接触处以及模具丝材接触处的集中分布，造成电流在距电极和模具一段距离之内

的丝材中流动时沿丝材径向分布不均匀，这就是电极影响区长度及模具影响区长度存在的原因。本书正是通过研究电极影响区长度和模具影响区长度来确定理想电极模具间距的。

在前文中已经指出，研究理想电极模具间距，只需研究正电极的电极影响区长度和拔丝模具在正电极一侧的模具影响区长度即可。因此，接下来将集中对这两个位置的电流密度分布情况进行详细而深入的分析。

6.4.4　结果分析

在进行数据分析之前，先介绍数据分析所用的方法。在前文中已经指出，理想电极模具间距的确定是通过电极影响区长度 l_1 和模具影响区长度 d_1 的确定来完成的。为便于叙述，将其示于图 6-9 中，来说明 l_1 和 d_1 的确定方法。

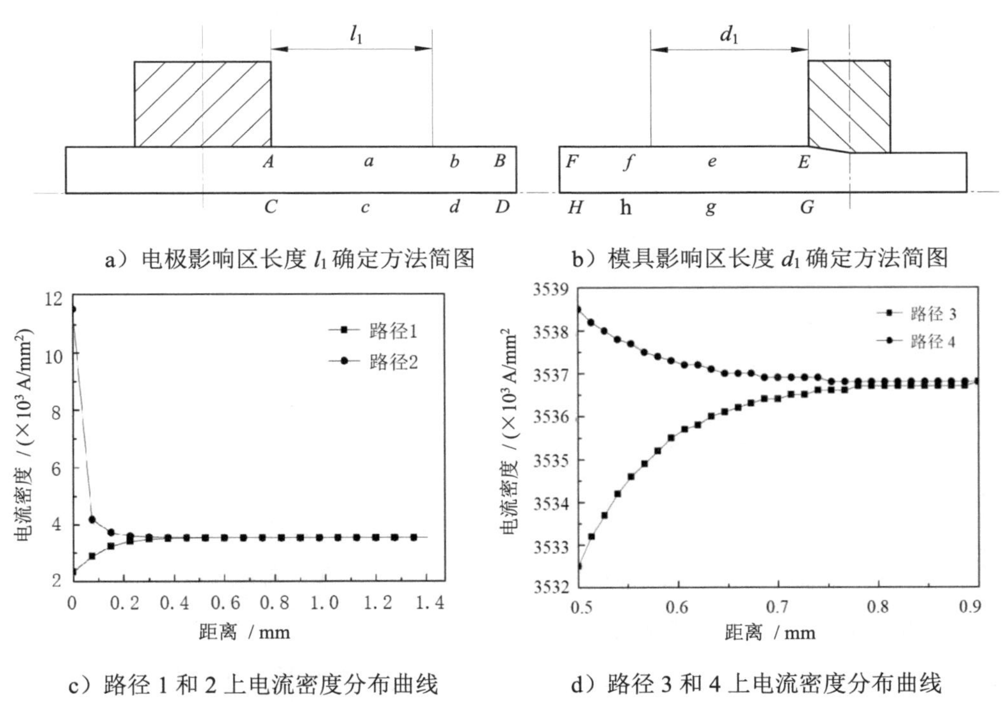

图 6-9　l_1 长度及 d_1 长度确定方法说明简图

如图 6-9 所示，图 6-9 a）和图 6-9 b）分别为电极影响区长度 l_1 和模具影响区长度 d_1 确定方法的说明简图。现仅以电极影响区长度 l_1 的确定为例来进行说明。首先，建立路径 *AB*（记为路径 1）和路径 *CD*（记为路径 2），其中路径 1 和路径 2 的起点 *A* 点与 *C* 点与电极侧面平齐，且 *AB*=*CD*，然后做出沿这两条路径的电流密度分布曲线，如图 6-6 c）所示；接着，根据图 6-6 c）中的结果建立合适的两条路径 *ab*（记为路径 3）和路径 *cd*（记为路径 4），同样地，路径 3 和路径 4 的起点 *a* 点和 *c* 点也处于丝材的同一截面上，且 *ab*=*cd*。很明显，电流自电极流入丝材后中心和表面电流密度相同的点恰好位于根据上述方法所确定的路径 3 和 4 的中间的某一位置。因此，只要做出路径 3 和 4 上的电流密度分布曲线，如图 6-9 d）所示，从两条曲线的相交位置即可得出电极影响区的长度 l_1。模具影响区长度 d_1 的确定方法亦然。l_1 和 d_1 的长度相加，即为理想（即最小）电极模具间距。

1. 电流大小对理想电极模具间距的影响

施加在电极上总电流值的大小，会导致与电极外边沿齐平的丝材截面上电流密度分布情况的差异程度发生变化，最终会影响到理想（即最小）电极模具间距值。当出口丝材直径为 0.3 mm 时，当施加在电极上的总电流值的范围为 100～2000 A 时，理想（即最佳）电极模具间距随电流大小的变化情况如图 6-10 所示。

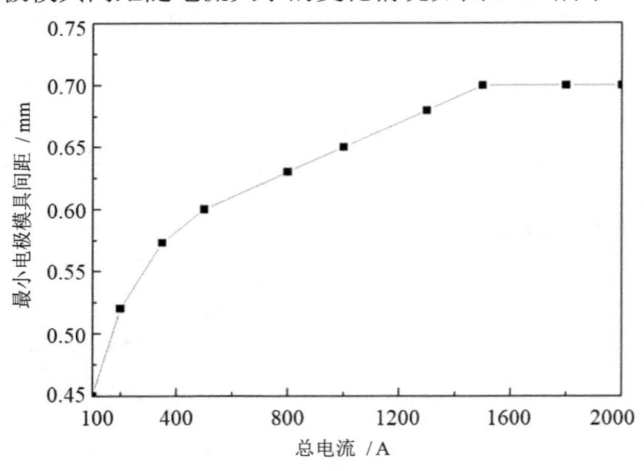

图 6-10　总电流和最小电极模具间距之间的关系

由图 6-10 可见，当总电流较小时（小于 500 A），理想（即最小）电极模具间距值和总电流值的大小近似呈抛物线关系；当总电流在 500～1 500 A 时，二者近似呈线性关系；当总电流更大时，理想（即最近）电极模具间距不再变化。更加重要的是，由图可见，当丝材半径为 0.3 mm 时，随着总电流值的增加，理想（即最小）电极模具间距的最大距离为 0.7 mm，这一数值是非常小的，且近似为丝材直径的 1.2 倍。

2. 电极宽度对理想电极模具间距的影响

电极宽度的选择对于电塑性拔丝的顺利进行是非常重要的。一方面，电极和丝材之间要求有良好的电接触，较宽的电极宽度能够提供更大的接触面积，有利于良好电接触的建立；但另一方面，考虑到丝材电极之间的摩擦，大的接触面积意味着大的摩擦力，会产生更多的摩擦热，且散热更困难，对于高速拉拔来说，这可能会影响到拔丝过程和产品质量。

关于电极宽度对理想电极模具间距的影响，理论上来说，大的电极宽度能够缓解接触面上电流的集中程度，能够使理想电极模具间距减小。但数值模拟的结果表明，理想电极模具间距对电极宽度的变化并不敏感。电极宽度和理想电极模具间距之间的关系如图 6-11 所示。

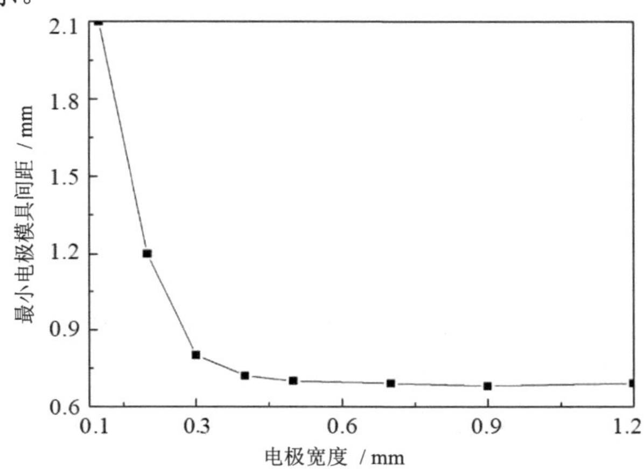

图 6-11　电极宽度和最小电极模具间距之间的关系

由图 6-11 可见，只有在电极宽度非常窄（小于 0.5 mm）时，电极宽度对理想电极模具间距的变化才比较敏感；当电极宽度大于 0.5 mm 之后，理想电极模具间距基本上保持恒定，不再随电极宽度的增加而变化。

需要指出的是，即使是电极宽度窄到仅有 0.1 mm 的程度，理想电极模具间距也仅仅只有 2 mm 左右。这说明，若只从要保证电流流进模具前和流出模具后沿丝材横截面均匀分布来说，以前的文献中可见的十几甚至几十厘米长的电极间距是完全没有必要的。

3. 丝材直径对理想电极模具间距的影响

容易想象，一定的电极宽度和一定的激励电流作用下，丝材的直径越大，电流自集中处沿丝材截面重新均匀分布所需要的距离就越远，理想电极模具间距也就越大。

根据国家标准《硬质合金拉制模　型式和尺寸》（GB/T 6110—2008）的规定，拉丝模模孔直径范围为 0.1～12 mm。在此丝材直径范围内，用有限元分析的方法得到丝材直径和理想电极模具间距之间的关系如图 6-12 所示。

由图 6-12 可见，理想电极模具间距随丝材直径的增加而变大，二者之间呈线性关系，并且斜率近似为 1.2。容易发现，当丝材的直径为 12 mm 的时候，理想电极模具间距仍然仅为 14.5 mm。这再一次说明，电塑性拔丝时大的电极间距是不合适的。

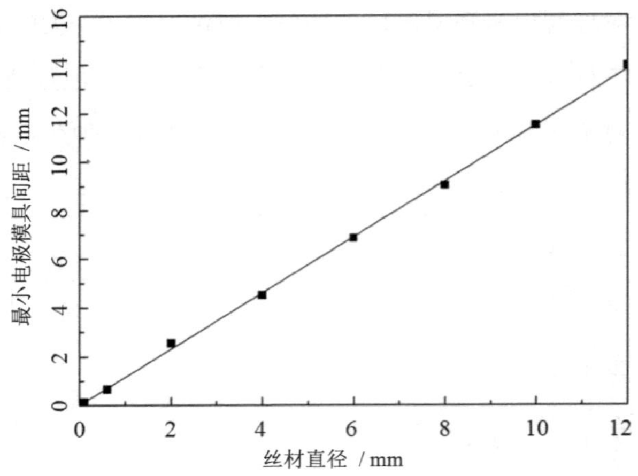

图 6-12　丝材直径和最小电极模具间距之间的关系

4. 电极圆角对理想电极模具间距的影响

电极和丝材接触方式的不同，会导致二者接触部位不同程度的电流集中，这必然会对理想电极模具间距造成一定程度的影响，原因类似于电极宽度对理想电极模具间距的影响。可以预见，尽管电极圆角对接触部位电流集中程度影响巨大，它对理想电极模具间距的影响却不太严重。数值模拟获得的电极圆角和理想电极模具间距之间的关系如图 6-13 所示。

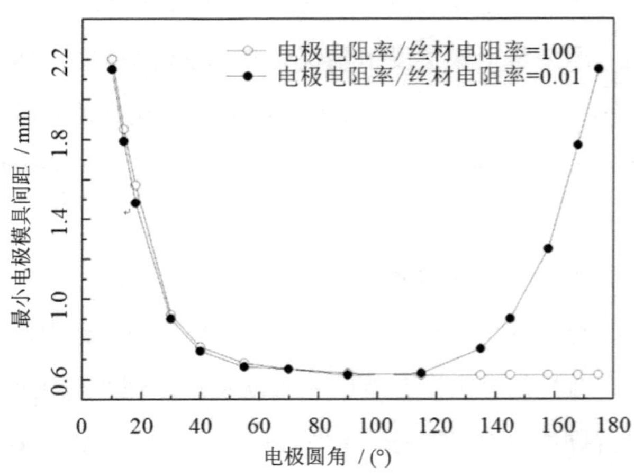

图 6-13　电极圆角和最小电极模具间距之间的关系

在图 6-13 中，电极圆角度数的定义参见图 6-3 中的示意，锐角对应的是图 6-3 b）所示的情形，直角对应的是图 6-3 a）所示的情形，而钝角对应的则是图 6-3 c）所示的情形。由图 6-13 可以看出，理想电极模具间距随电极圆角度数的变化与电极丝材相对电阻率有关。在圆角度数小于 120°的范围内，理想电极模具间距随圆角度数的变化和电极丝材相对电阻率无关，且当圆角度数过小时迅速变大。当圆角度数大于 120°的时候，电极丝材相对电阻率对理想电极模具间距影响很大：如果电极丝材相对电阻率远远大于 0.5，则增加圆角度数的时候理想电极模具间距基本不发生变化，只是稍有减小；反之，增加圆角度数，理想电极模具间距会迅速增加。电极丝材相对电阻率指的是电极电阻率和丝材电阻率的比值。

需要指出的是，理想电极模具间距的快速变大是由接触部位的电流集中程度急剧加重造成的。这就说明，对于电塑性拔丝来说，电极材料的选取并非电阻率越低越好，某些时候选取电阻率较大的材料作电极对于电塑性拔丝来说反而是更加有利的。

5. 丝材电阻率对理想电极模具间距的影响

丝材电阻率的变化也会影响到理想电极模具间距的长度。电阻率越大，理想电极模具间距也越大。用扩散的观点来看，电阻率大，电流的扩散流动就困难，因此，在丝材上就需要更长的距离来使沿横截面不均匀分布的电流重新在横截面上均匀分布。理想电极模具间距随丝材电阻率改变时的变化情况如表 6-2 所示。

表 6-2　最小电极模具间距和丝材电阻率之间的关系

丝材电阻率/（Ω·m）	1×10^{-15}	1×10^{-7}	1×10^{-5}	1
电极模具间距/mm	0.4	0.65	0.68	2.1

由表 6-2 可以看到，理想电极模具间距随丝材电阻率的增加而变大。可以推测，当丝材电阻率很大时，理想电极模具间距也变得非常大。极限的情况是，若丝材趋于绝缘体的时候，理想电极模具间距应该趋于无穷大。然而，电塑性拔丝的拉拔对象是金属丝材，是良导体，它们的电阻率变化范围很小。因此，在实际的各种金属丝材电阻率变化的范围之内，理想电极模具间距的变化其实是非常小的。

通过以上数值模拟的结果及分析，在各因素影响下，理想电极模具间距值及其变动范围都非常小，这说明在实际电塑性拔丝时，设置很大的电极间距是不合适的。

当然，实际应用中电极模具间距的选取需要考虑很多方面，比如电极的安装会受到拔丝机上其他部件干涉以及调试维修等诸多因素的影响，不可能刚好就使电极位于取理想电极模具间距时电极应在的位置。然而，在实际的电塑性拔丝时，使电极和模具之间的距离尽可能地缩短总是有利的。

第 7 章　金属电塑性拉拔过程的力学分析及实验研究

为了描述电塑性拉拔过程的力学特征，在电塑性效应机理研究的基础上，进一步寻求电塑性拉拔成形过程的数学模型，并利用数学模型，通过理论求解的方法对金属的电塑性拉拔变形过程进行力学分析，为电塑性效应工程应用的理论计算和模拟研究提供参考。

首先，利用解析法得出铜丝常规拉拔过程的应力分布状态。依据第 5 章所得到的铜丝变形过程的塑性流动方程，建立一般应力状态下金属塑性变形时的应力与应变、应变速率和温度关系的数学模型。针对金属铜丝的实际拉拔过程，采用解析法在球坐标下分析了拔丝模具内变形区金属的应力分布状况，得出了径向应力和切向应力分布状态的数学表达式，进而求出拔丝模具出口处的径向应力和拉拔力。

其次，得出铜丝电塑性拉拔状态下拉拔力的理论计算公式。依据金属电塑性效应机理的研究结果，电流导致的金属流动应力的降低是源于电流对金属应变速率产生了影响，将电塑性拉拔过程中应变速率的变化量代入铜丝常规拉拔过程径向应力分布状态的数学表达式中，同时考虑到电流的焦耳热效应所导致的铜丝温度的升高对丝材拉拔应力的影响，得出铜丝电塑性拉拔力的大小。

最后，实验研究铜丝的电塑性拉拔过程，得出铜丝拉拔力与电参数之间的关系，并将实验研究结果与理论计算结果进行了对比分析。通过改造现有的水箱式拔丝机，实现铜丝的电塑性拉拔过程；自行设计加工了电塑性拉拔过程的加电装置和拉拔力测量装置，获得了不同电流密度下拉拔力的大小及变化规律，进而对理论计算结果进行验证和分析。

7.1　解析法研究铜丝拉拔的塑性成形过程

金属的塑性变形抗力决定于位错运动时受到的各种阻力，位错运动时所受到的阻力将随应变、应变速率和温度的变化而变化，因而塑性变形中金属的流动应力是应变、应变速率和温度的函数，即 $\sigma = f(\varepsilon,\dot{\varepsilon},T)$ 。在本书第 5 章的推导结果中引入温度的变化量 ΔT ，金属铜丝变形过程的塑性流动方程为

$$\sigma = 493\varepsilon^{0.088}\dot{\varepsilon}^{0.033}\mathrm{e}^{-0.0013(T+\Delta T)}$$

在下一步的研究中，将这种单向拉伸的研究结论推广到一般应力状态，建立一般

应力状态下，金属塑性变形过程的数学模型。在求解不同的塑性成形过程时，可以利用数学模型、平衡方程、几何方程、初始条件和边界条件，通过联立这些方程，即可描述三维塑性成形过程。

研究表明，将单向拉伸状态下的数学模型中的应力、应变和应变速率写成等效应力$\bar{\sigma}$、等效应变$\bar{\varepsilon}$和等效应变速率$\bar{\dot{\varepsilon}}$可适用于一般应力状态[120]，即

$$\bar{\boldsymbol{\sigma}} = 493\bar{\boldsymbol{\varepsilon}}^{0.088}\bar{\dot{\boldsymbol{\varepsilon}}}^{0.033}e^{-0.0013(T+\Delta T)} \tag{7-1}$$

研究表明，应变速率张量$\dot{\varepsilon}_{ij}$与应力偏张量$\boldsymbol{\sigma}'_{ij}$有如下关系式[121]

$$\dot{\boldsymbol{\varepsilon}}_{ij} = \frac{3}{2}\frac{\bar{\dot{\boldsymbol{\varepsilon}}}}{\bar{\boldsymbol{\sigma}}}\boldsymbol{\sigma}'_{ij} \tag{7-2}$$

将方程式（6-1）代入方程式（6-2）中，并整理得

$$\boldsymbol{\sigma}'_{ij} = 329(\bar{\boldsymbol{\varepsilon}})^{0.088}(\bar{\dot{\boldsymbol{\varepsilon}}})^{-0.067}\mathrm{e}^{-0.0013(T+\Delta T)}\dot{\boldsymbol{\varepsilon}}_{ij} \tag{7-3}$$

7.1.1 球坐标下拉拔过程的数学模型

在拉拔过程中，拉拔模内的金属流动方向是朝向锥模顶点的，如图 7-1 所示。因此可以采用球坐标系统对锥形模腔内金属进行受力分析[120]。

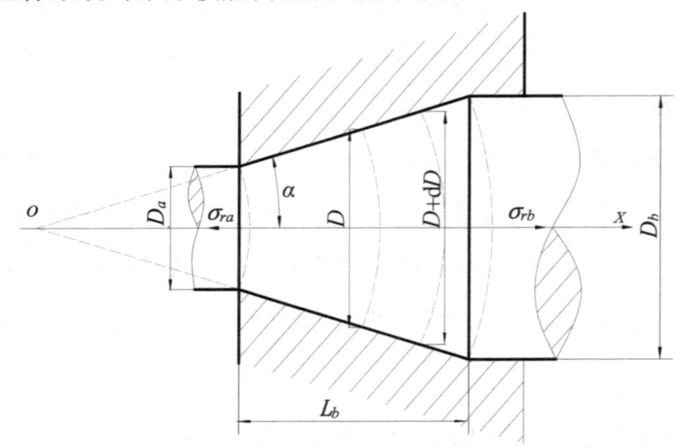

图 7-1 丝材在锥形模腔内变形示意图

在球坐标下拉拔模内金属的等效应变$\bar{\varepsilon} = \sqrt{\frac{2}{9}\left[(\varepsilon_r - \varepsilon_\theta)^2 + (\varepsilon_\theta - \varepsilon_\phi)^2 + (\varepsilon_\phi - \varepsilon_r)^2\right]}$，根据材料不可压缩原理，$\varepsilon_\theta = \varepsilon_\phi = -\frac{1}{2}\varepsilon_r$，故$\bar{\varepsilon} = \varepsilon_r$[122]。并由此可得$\bar{\dot{\boldsymbol{\varepsilon}}} = \dot{\varepsilon}_r$，因此球坐标下金属拉拔状态下应变速率张量$\dot{\boldsymbol{\varepsilon}}_{ij}$与应力偏张量$\boldsymbol{\sigma}'_{ij}$的关系式为

$$\boldsymbol{\sigma}'_{ij} = 329(\varepsilon_r)^{0.088}(\dot{\varepsilon}_r)^{-0.067}\mathrm{e}^{-0.0013(T+\Delta T)}\dot{\boldsymbol{\varepsilon}}_{ij} \tag{7-4}$$

根据应力偏张量公式$\boldsymbol{\sigma}'_{ij} = \boldsymbol{\sigma}_{ij} - \sigma_m\boldsymbol{\delta}_{ij}$，式中$\sigma_m$为平均应力，当$i = j$时，$\boldsymbol{\delta}_{ij} = 1$，

于是可得

$$\boldsymbol{\sigma}'_{11} = \boldsymbol{\sigma}'_{rr} = \sigma_r - \frac{1}{3}(\sigma_r + \sigma_\theta + \sigma_\phi) \tag{7-5}$$

球坐标下的拉拔应力中 $\sigma_\theta = \sigma_\phi$，式（7-5）整理得

$$\boldsymbol{\sigma}'_{11} = \boldsymbol{\sigma}'_{rr} = \frac{2}{3}(\sigma_r - \sigma_\theta) \tag{7-6}$$

引入等效应力公式 $\overline{\boldsymbol{\sigma}} = \frac{1}{\sqrt{2}}\sqrt{(\sigma_r - \sigma_\theta)^2 + (\sigma_\theta - \sigma_\phi)^2 + (\sigma_\phi - \sigma_r)^2}$，且有 $\sigma_\theta = \sigma_\phi$，可得

$$\overline{\boldsymbol{\sigma}} = (\sigma_r - \sigma_\theta) \tag{7-7}$$

将式（7-7）和式（7-6）代入式（7-2）中，可得

$$\dot{\boldsymbol{\varepsilon}}_{11} = \dot{\varepsilon}_r \tag{7-8}$$

将式（7-6）和式（7-8）代入式（7-4）中得

$$\sigma_r - \sigma_\theta = 493\varepsilon_r^{0.088}(\dot{\varepsilon}_r)^{0.033}\mathrm{e}^{-0.0013(T+\Delta T)} \tag{7-9}$$

7.1.2　球面环素表面作用力沿拉拔方向的分解

下面将拉拔力沿球面进行分解。

参照图 7-2，球面环素上的作用力

$$\mathrm{d}F_x = -\sigma_r \cos\theta \mathrm{d}S \tag{7-10}$$

式中　$\mathrm{d}S$ ——球面环素的表面积（m^2）。

$$\mathrm{d}S = 2\pi r\sin\theta \times r\mathrm{d}\theta = 2\pi r^2\sin\theta\mathrm{d}\theta \tag{7-11}$$

作用在此球面上沿 x 方向的力为

$$F_x = -\int_0^\alpha \sigma_r \times 2\pi r^2 \sin\theta\cos\theta\mathrm{d}\theta \tag{7-12}$$

考虑 σ_r 在球面上均匀分布，所以在此球面上沿 x 方向的力为

$$F_x = -\pi r^2\sigma_r \sin^2\alpha \tag{7-13}$$

因此，作用在 x 和 $x+\mathrm{d}x$ 之间，夹角为 2α 的球体微元内外表面上，沿 x 方向的合力为

$$F_{(x+\mathrm{d}x)} - F_x = \pi(x+\mathrm{d}x)^2(\sigma_r + \mathrm{d}\sigma_r)\sin^2\alpha - \pi x^2\sigma_r\sin^2\alpha \tag{7-14}$$

略去高阶小量后得

$$F_{(x+\mathrm{d}x)} - F_x = \pi(2\sigma_r\mathrm{d}x + x\mathrm{d}\sigma_r)x\sin^2\alpha \tag{7-15}$$

参照图 7-3，金属丝材与拉拔模表面之间的单位面积上的正压力 P 在 x 方向的分

力 P_x 为

$$P_x = \left(P \times \pi D \times \frac{\mathrm{d}x}{\cos\alpha}\right)\sin\alpha = \pi DP\tan\alpha \mathrm{d}x \tag{7-16}$$

又因为 $\tan\alpha = \dfrac{\mathrm{d}D}{2\mathrm{d}x}$， $\sin\alpha = \dfrac{\mathrm{d}D}{2}\Big/\dfrac{\mathrm{d}x}{\cos\alpha}$，上式整理得

$$P_x = \frac{1}{2}\pi DP\mathrm{d}D \tag{7-17}$$

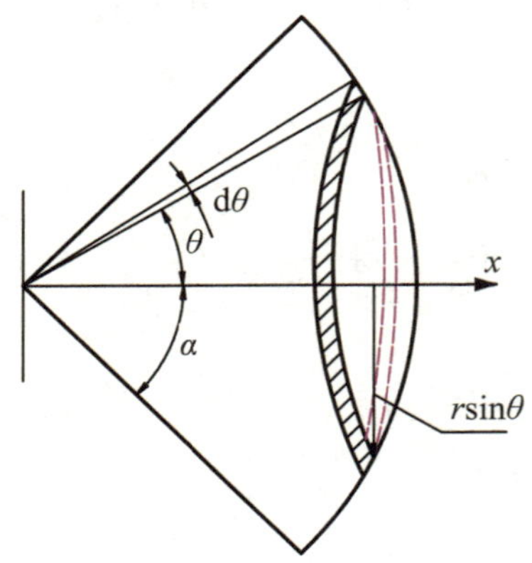

图 7-2　球面环素示意图

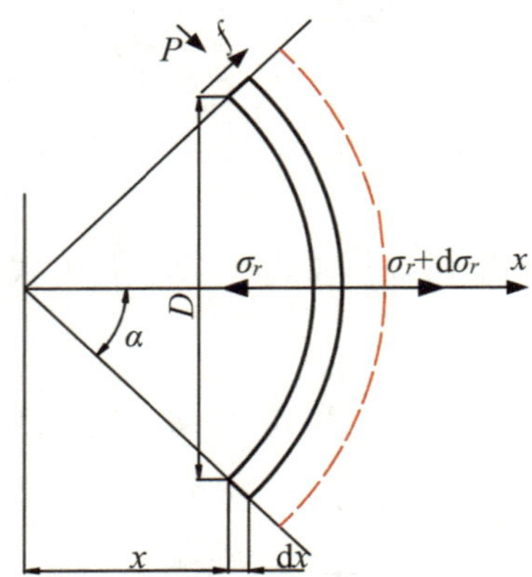

图 7-3　球坐标微小单元应力示意图

同理，设金属丝材与拉拔模表面之间的摩擦系数为 f，则作用材料和拉拔模表面之间的单位面积上的摩擦力为 Pf，该摩擦力在 x 方向的分力 Pf_x 为

$$Pf_x = \left(Pf \times \pi D \times \frac{\mathrm{d}x}{\cos\alpha}\right)\cos\alpha = \pi DPf\mathrm{d}x = \frac{\pi DPf}{2\tan\alpha}\mathrm{d}D \tag{7-18}$$

所有作用在 x 和 $x+\mathrm{d}x$ 之间、夹角为 2α 的球体微元体上的力沿 x 方向上的平衡方程为

$$F_{(x+\mathrm{d}x)} - F_x + P_x + Pf_x = 0 \tag{7-19}$$

将式（7-15）、（7-17）和（7-18）代入式（7-19）中，得

$$\pi x(2\sigma_r\mathrm{d}x + x\mathrm{d}\sigma_r)\sin^2\alpha + \frac{1}{2}\pi DP\mathrm{d}D + \frac{\pi DPf}{2\tan\alpha}\mathrm{d}D = 0 \tag{7-20}$$

整理得

$$\frac{2\sigma_r\mathrm{d}x}{x\mathrm{d}D} + \frac{\mathrm{d}\sigma_r}{\mathrm{d}D} + \frac{DP}{2x^2\sin^2\alpha} + \frac{DPf}{2\tan\alpha\cdot x^2\sin^2\alpha} = 0 \tag{7-21}$$

参照图 7-3， $\tan\alpha = D/2x = \mathrm{d}D/2\mathrm{d}x$ ，上式整理得

$$\frac{2\sigma_r}{D} + \frac{\mathrm{d}\sigma_r}{\mathrm{d}D} + \frac{2P}{D\cos^2\alpha} + \frac{2Pf}{D\tan\alpha\cos^2\alpha} = 0 \tag{7-22}$$

参照图 7-3， $\sigma_\theta = -P$ ，由式（7-9）可得

$$P=-\sigma_r+493\varepsilon_r^{0.088}\left(\dot{\varepsilon}_r\right)^{0.033}\mathrm{e}^{-0.0013(T+\Delta T)} \tag{7-23}$$

将（7-23）代入式（7-22）中，并令 $\Phi=1/\cos^2\alpha$，$\Psi=f/\tan\alpha$，得塑性拉拔过程中沿 x 方向的平衡方程

$$\frac{\mathrm{d}\sigma_r}{\mathrm{d}D}+\frac{2\sigma_r}{D}(1-\Phi-\Phi\Psi)+\frac{986\Phi(1+\Psi)\varepsilon_r^{0.088}}{D}\left(\dot{\varepsilon}_r\right)^{0.033}\mathrm{e}^{-0.0013(T+\Delta T)}=0 \tag{7-24}$$

该线性微分方程的齐次解为

$$(\sigma_r)_1=C_3D^{-2(1-\Phi-\Phi\Psi)} \tag{7-25}$$

特解为

$$(\sigma_r)_2=\frac{986\Phi(1+\Psi)\varepsilon_r^{0.088}\left(\dot{\varepsilon}_r\right)^{0.033}\mathrm{e}^{-0.0013(T+\Delta T)}}{-2(1-\Phi-\Phi\Psi)} \tag{7-26}$$

其中 C_3 为积分常数，因此式（7-24）的一般解为

$$\sigma_r=(\sigma_r)_1+(\sigma_r)_2 \tag{7-27}$$

根据拉拔过程可知，金属拔制的边界条件为：拉拔模出口处直径 $D=D_a$，$\sigma_r=\sigma_{ra}$；拉拔模入口处直径 $D=D_b$，$\sigma_r=0$。

将边界条件代入式（7-27）中分别得

$$\sigma_{ra}=\frac{C_3}{D_a^{2(1-\Phi-\Phi\Psi)}}+\frac{986\Phi(1+\Psi)\varepsilon_r^{0.088}\left(\dot{\varepsilon}_r\right)^{0.033}\mathrm{e}^{-0.0013(T+\Delta T)}}{-2(1-\Phi-\Phi\Psi)} \tag{7-28}$$

$$0=\frac{C_3}{D_b^{2(1-\Phi-\Phi\Psi)}}+\frac{986\Phi(1+\Psi)\varepsilon_r^{0.088}\left(\dot{\varepsilon}_r\right)^{0.033}\mathrm{e}^{-0.0013(T+\Delta T)}}{-2(1-\Phi-\Phi\Psi)} \tag{7-29}$$

令 $q=-2(1-\Phi-\Phi\Psi)$，$Q=\dfrac{986\Phi(1+\Psi)\varepsilon_r^{0.088}\left(\dot{\varepsilon}_r\right)^{0.033}\mathrm{e}^{-0.0013(T+\Delta T)}}{-2(1-\Phi-\Phi\Psi)}$，结合式（7-28）和式（7-29）中可求得积分常数 C_3 和 σ_{ra} 为

$$C_3=-\frac{Q}{D_b^q} \tag{7-30}$$

$$\sigma_{ra}=\frac{Q\left(D_b^q-D_a^q\right)}{D_b^q} \tag{7-31}$$

将积分常数 C_3 代入式（7-27）中，得塑性拉拔过程中径向应力分布

$$\sigma_r=-\frac{QD^q}{D_b^q}+Q \tag{7-32}$$

将 $q=-2(1-\Phi-\Phi\Psi)$、$\Phi=1/\cos^2\alpha$、$\Psi=f/\tan\alpha$ 和 Q 的表达式代到上式中得

$$\sigma_r = \frac{986\dfrac{1}{\cos^2\alpha}\left(1+\dfrac{f}{\tan\alpha}\right)\varepsilon_r^{0.088}\left(\dot{\varepsilon}_r\right)^{0.033}\mathrm{e}^{-0.0013(T+\Delta T)}}{-2\left(1-\dfrac{1}{\cos^2\alpha}-\dfrac{f}{\cos^2\alpha\cdot\tan\alpha}\right)} - \frac{D_b^{2\left(1-\frac{1}{\cos^2\alpha}-\frac{f}{\cos^2\alpha\cdot\tan\alpha}\right)}}{D^{2\left(1-\frac{1}{\cos^2\alpha}-\frac{f}{\cos^2\alpha\cdot\tan\alpha}\right)}} \times \frac{986\dfrac{1}{\cos^2\alpha}\left(1+\dfrac{f}{\tan\alpha}\right)\varepsilon_r^{0.088}\left(\dot{\varepsilon}_{Fr}\right)^{0.033}\mathrm{e}^{-0.0013(T+\Delta T)}}{-2\left(1-\dfrac{1}{\cos^2\alpha}-\dfrac{f}{\cos^2\alpha\cdot\tan\alpha}\right)} \tag{7-33}$$

将式（7-33）代入式（7-9）中可得塑性拉拔过程中切向应力分布 σ_θ 和 σ_ϕ

$$\sigma_\phi = \sigma_\theta = \sigma_r - 493\varepsilon_r^{0.088}\left(\dot{\varepsilon}_r\right)^{0.033}\mathrm{e}^{-0.0013(T+\Delta T)} \tag{7-34}$$

丝材的拉拔力等于出口处的径向应力值与拔后丝材横截面积的乘积，即

$$F_b = \pi\left(\frac{D_a}{2}\right)^2\sigma_{ra} \tag{7-35}$$

参照本书的第 5 章，当有电流作用时，由外力所产生的应变速率为 $\dot{\varepsilon}_{Fr} = \dot{\varepsilon}_r - (\dot{\varepsilon}_e - \dot{\varepsilon}_r)$，所以在计算电塑性拉拔力时公式（7-33）中的 $\dot{\varepsilon}_r$ 应为 $\dot{\varepsilon}_{Fr}$。

7.1.3 拉拔模出口处应力的求解

下面选取纯铜丝的拉拔过程对公式（7-35）进行求解，得出拔丝模具出口处的应力值，进而求得拉拔力。拔丝模的整个模孔区域分为四个带：润滑带、压缩带、定径带和出口带。金属发生塑性变形的区域为压缩带，定径带的作用是使得丝材获得稳定而精确的形状与尺寸。现有的研究表明，定径带的丝材处于弹性状态，在丝材拉拔的过程中，需要克服定径区的摩擦力，这使得所需的拉应力要大于式（7-35）的计算结果，但考虑到定径区长度很短，且摩擦系数也很小，在计算时通常忽略不计[123]，因此在理论计算拉拔力时只考虑压缩带金属的变形情况。

本书选取较细的纯铜丝为拉拔材料，拉拔前铜丝的直径为 0.8 mm，拉拔后铜丝的直径为 0.7 mm，丝材的相对加工率（即断面收缩率）为 23.4%，拉拔速度 10 mm/s。其他参数的选择如下：

（1）丝材应变量 ε 和应变速率 $\dot{\varepsilon}$ 的选取。在式（7-33）中包含径向应变量 ε_r，当变形温度低于再结晶温度时，材料将随着塑性变形的发展产生加工硬化现象，在拉拔过程中，从变形区的入口到变形区的出口，由于变形程度是变化的，故变形区各个断面处的变形抗力不同。为了求变形抗力，可以把各个瞬间的变形程度及其相应的变形抗力代入理论公式，来求变形力的瞬时值，然后再积分，但这个积分很困难，实际上

是不可能实现的[124]。因此在公式的推导中将应变假设为定值。在实际计算过程中可以利用平均应变的概念来修正各个道次的计算结果。

$$\varepsilon=\frac{1}{2}\left(\frac{D_0^2-D_a^2}{D_0^2}+\frac{D_0^2-D_b^2}{D_b^2}\right) \tag{7-36}$$

对于单道次的拉拔过程，$D_0=D_b$

$$\varepsilon=\frac{1}{2}\left(\frac{D_b^2-D_a^2}{D_b^2}\right) \tag{7-37}$$

依据据 $\dot{\varepsilon}=\varepsilon/t_b$（$t_b$ 为丝材通过模具变形区的时间），可得拉拔过程的应变速率

$$\dot{\varepsilon}=\frac{1}{2t_b}\left(\frac{D_b^2-D_a^2}{D_b^2}\right) \tag{7-38}$$

（2）摩擦系数 f 的选取。在丝材拉拔的过程中，丝材与模具之间的摩擦系数的大小对拉拔力有着很大的影响。润滑剂的性质、模具的材质、润滑的方式、模具与拉拔丝材的表面状态对摩擦力的大小都有影响。这里选用硬质合金模具拉拔纯铜丝，以20%的肥皂水为润滑剂，采用物理吸附的方式对拉拔丝材进行润滑，拉拔过程处在混合润滑状态。此时可选取摩擦系数 $f=0.3$[123]。

（3）拔丝模具压缩带模角 α 的选取。拔丝模具压缩带模角 α 是拔丝模的重要参数之一，α 角过小，丝材与模具内壁的接触面积增大，导致摩擦力增加；α 角过大，丝材在塑性变形区内，形变急剧，附加的剪切形变增大，导致拉拔力和非接触变形增加。综合考虑二者，优化 α 角的选取，使得拉拔力最小。依据拉拔不同材料时最佳模角和相对加工率的关系，选取 α 角等于 4°[123]。

（4）拔丝模具塑性变形区长度 L_b 的选取。模具塑性变形区长度和拉拔速度决定着塑性变形时间的长短，与应变速率和电塑性拉拔过程电流作用的时间息息相关。在较细丝材的拉拔过程中采用的模具为弧形拔丝模，拔丝模具分为弧形拔丝模和锥形拔丝模两种。由于弧形拔丝模的模孔整体上呈弧线形，所以无法直接测量丝材变形区的长度。依据丝材变形前后的直径和压缩带模角的几何关系可以计算出塑性变形区长度的大小，即

$$L_b=\frac{D_b-D_a}{2\tan\alpha} \tag{7-39}$$

式中　D_b ——模具入口处丝材直径（mm）；

　　　D_a ——模具出口处丝材直径（mm）；

　　　α ——拔丝模具压缩带模角。

利用式（7-39）计算可得拔丝模具塑性变形区长度 L_b 为 0.72 mm。

（5）拉拔温度的变化量 ΔT 的选取。由于选取的拉拔速度较慢，摩擦热和变形热较小，所以在常规拉拔过程中温度的变化量不予考虑[125]。但在电塑性拉拔过程中，由电热所导致的丝材的温升相对较大，会对拉拔应力带来影响，即为公式（7-33）中的 ΔT 。由于丝材直径很小且处在运动过程中，无法准确地对其温升进行测量。为了得出焦耳热所导致的金属丝材温度变化量，本书采用 ANSYS 有限元软件对其进行了模拟研究。电塑性拔丝有限元模型的几何尺寸如下：丝材减径前的直径为 0.8 mm，减径后的直径为 0.7 mm；模具总宽度为 10 mm；电极宽度 5 mm；正负电极间距 15 mm；丝材的变形区长度 0.72 mm，工作锥角 2α等于 8°。根据不同的电参数，在正电极上施加矩形脉冲电压载荷，将负电极上的电压设为零。丝材、电极和模具的初始温度为 20 ℃。丝材、模具和电极的外表面与环境进行对流换热，对流换热系数为 15 W/（m^2·K）。模具和丝材之间为接触传热，传热系数为 50 W/（m^2·K）。丝材、模具和电极的物理性能如表 7-1 所示。

表 7-1　丝材、模具和电极的物理性能

	密度/（kg/m^3）	比热容/（J/kg·K）	热导率/（W/m·K）	电阻率/（Ω·m）
模具	7850	400	46.5	1E-7
丝材和电极	8900	385	200	1.85E-8

电极、模具和丝材以及电流载荷在空间上具有轴对称性，所以可以采用轴对称模型来简化模拟过程，图 7-4 为电流密度 200 A/mm^2、频率 15 Hz、脉宽 40 μs 、作用时间 1.5 s 丝材的温度场分布情况的模拟结果。

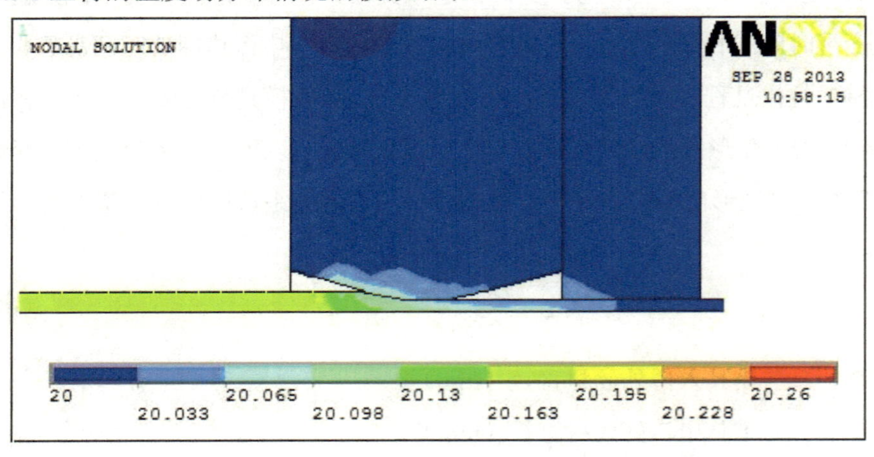

图 7-4　丝材变形区附近的温度场

由于丝材、模具和电极的尺寸相差较大，这里只展示了电极和模具与丝材相接触的部分。图中将拔丝模直接与负电极相接，这样做不仅缩短了电极间距，减小了电路中的电阻，而且该结构电极连接稳定，在很大程度上克服了由于接触不良而产生打火严重的情况，保证了电塑性拔丝过程连续、稳定地运行，这一设计是与电塑性拔丝实验一致的。从模拟结果中可以看出，电热导致的丝材温升量很小，在丝材与模具接触之前，丝材的温度分布较为均匀，当丝材与模具接触的时候，由于热传导的存在，使得丝材温度略有降低。另外从电流场分布情况的模拟结果中可以看出，除了丝材与电极接触的很小区域内电流分布有集中现象外，丝材其他区域的电流分布是均匀的。

7.2　铜丝电塑性拉拔过程的实验研究

电塑性拔丝技术是将电塑性效应应用到金属丝材拉拔过程的一种加工工艺。具体的工艺过程是将电流引入丝材的塑性变形区，其主要目的是提高丝材的延展性，降低拉拔抗力。电塑性拔丝实验结果表明，它不仅简化了金属丝材的生产过程，而且还改善了丝材的质量、提高了其综合机械性能[3]。为了实现丝材电塑性拉拔的实验过程，本书对现有的水箱式拔丝机进行了改造，并且设计了加工丝材的电塑性加电装置和拉拔力的测量装置。电塑性拔丝机外观如图 7-5 所示。

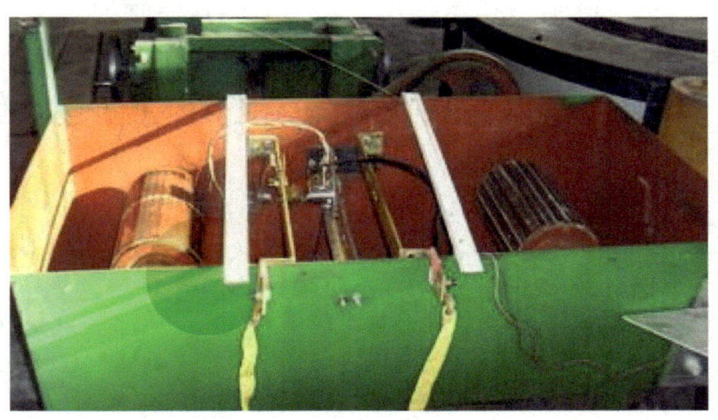

图 7-5　电塑性拔丝机外观图

电塑性拔丝技术与普通拔丝技术相比，其特别之处主要涉及以下两个方面：一是如何产生适合丝材电塑性加工用的电流，即电源发生装置；二是如何将电流引入丝材的塑性变形区，即丝材的加电装置。

7.2.1　电塑性拉拔的加电装置

在电塑性拔丝的过程中要将电流引入金属的塑性变形区，而且理论上要求不能有断电或电极与丝材因接触不良而产生打火的现象发生，另外还需考虑到电塑性效应的极性效应，即电流方向（从正极到负极）与金属塑性变形方向一致时电塑性效应最为明显。电源的正负极与丝材有两种接触方式。一是滑动摩擦式接触，即将压块作为电极，直接与丝材滑动摩擦接触。这种加电方式结构简单，但压块与丝材接触部分易产生打火现象，打火现象可导致断丝。二是滚动摩擦式接触，即将滚轮作为电极与丝材滚动摩擦式接触。这种加电方式减少了打火现象的发生，但需采用电刷、绝缘轴承等装置，结构复杂，需对现有拔丝机作较大的结构改造才能实现电塑性拉拔。将电流引入丝材的位置分为三类：

（1）将电源的正负电极设置在靠近拔丝模的前后，如图 7-6 a）所示。根据现有的报道[2]，这种脉冲电流输入方式所产生的电塑性效应明显，且能耗低。但这种加电方式占用空间较大，需对现有拔丝机作较大的改造。

（2）将电源的正极设置在拔丝模入口处附近，负极设置在拔丝模的出口处，直接与拔丝模相连，如图 7-6 b）所示。脉冲电流通过电源正极、被加工丝材和拔丝模构成了电流回路。这种加电方式改善了上述的图 7-6 a）中丝材与电极之间的连接方式，将拔丝模直接作为一个电极。这不仅缩短了电极间距，减小了电路中的电阻，而且在我们的实验中发现，该结构连接稳定，克服了丝材减径后由于接触不良而产生打火的情况，在很大程度上避免了断丝现象的发生。

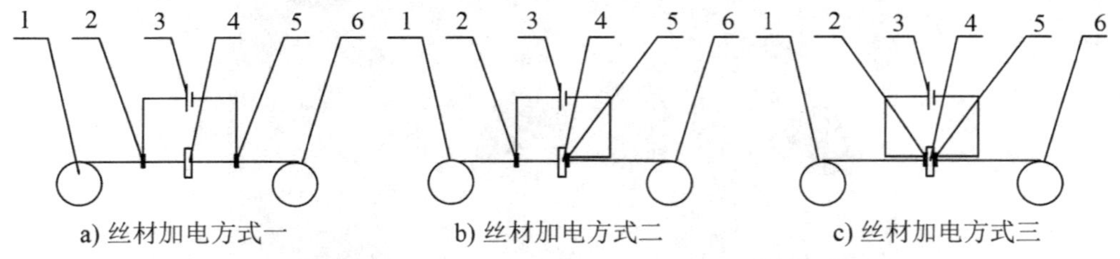

a) 丝材加电方式一　　b) 丝材加电方式二　　c) 丝材加电方式三

1—放线轮；2—电源正极；3—脉冲电源；4—拔丝模；5—电源负极；6—收线轮

图 7-6　电塑性拔丝的加电方式

（3）将电源的正负极直接设置在拔丝模上，如图 7-6 c）所示。这种加电方式需要对现有的拔丝模具进行改造，丝材电塑性加工用拔丝模具需将模套分为前后两个部分，中间有绝缘板隔开，用以隔绝电源的正负两极。

该加电形式将脉冲电源的正负极分别与前、后模套相连接。前模套的入口段与丝材接触，作为丝材减径区的一部分。绝缘模芯由绝缘材料构成，是丝材主要变形区域。绝缘板起隔离正负电极的作用。后模套的出口处与丝材接触，作为丝材定径区的一部分。该拔丝模将电极直接作用在拔丝模具上，保证了丝材与电极时刻紧密接触。这不仅减小了电路中的电阻，而且在很大程度上克服了由于接触不良而产生的打火严重的情况，保证了电塑性拔丝过程连续、稳定地运行。只需将现有的传统拔丝模具替换为电塑性加工用拔丝模具，就可在现有拔丝机上进行电塑性拉拔，这将有利于电塑性拔丝技术的工程推广。

综合考虑上述的三种加电形式的优缺点，结合现有实验条件，电塑性拉拔实验中选用了第二种加电方式，如图 7-7 所示。

图 7-7　丝材加电装置

7.2.2　丝材拉拔力的测量

拉拔力是拉拔变形的基本参数，确定拉拔力的目的不仅在于为设计拉拔机、制定拉拔工艺规程提供必需的原始数据，它也是研究拉拔过程必不可少的数据资料。拉拔力实测法可直接测量拉拔力，也可通过测量传动功率或能耗来间接得到。现有的拉拔力测量装置和方法有采用液压测力计测量、电阻应变仪测量、测定能量消耗法等。其中，电阻应变仪的测量方法不仅精度较高，而且适用于动态测量过程。本书设计的拉拔力测量装置如图 7-8 所示，图中两滑轮间所在的悬臂梁上贴有应变片，通过悬臂梁的弯曲变形得到拔丝力的大小。

拉拔力显示装置原理如图 7-9 所示。该装置可显示拉拔力随电流的变化波形，便于及时、准确地记录拉拔力的大小。

图 7-8　拔丝力测量装置

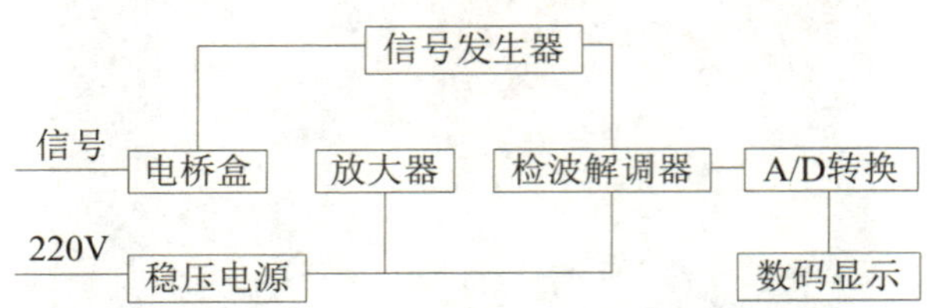

图 7-9　拉拔力显示装置原理框图

7.2.3　电塑性拔丝的电参数设定

从理论上讲，电塑性拔丝过程是利用纯电塑性效应对丝材进行加工，需要排除电热效应，这是因为在丝材的拉拔过程中，拉拔热的积累会使钢丝产生时效，从而影响钢丝的性能，造成钢丝通条性能不均匀，严重影响丝材的质量。电热效应的存在无疑会加重拔丝温度对丝材的影响，因此在电塑性拔丝过程中，在保证电塑性效应的同时要最大限度地降低电热效应。

电塑性拔丝过程与普通拔丝过程相比要额外涉及电参数的设定，包括电流强度、脉冲宽度和脉冲频率。现有实验已证明电塑性效应与通入丝材的电流密度成正比，当丝材的截面积一定的情况下，电流强度越大，电流密度也越大。因此在某一固定的丝材拔制道次下，电流强度越大，电塑性效应越明显。

在电塑性拔丝过程中，应尽可能地减小脉冲宽度。脉冲宽度的增大，不但会使得电热增加，而且从电塑性现有的理论上来讲，脉冲宽度对纯电塑性效应的影响不大。但实验结果也显示，过窄的脉冲宽度会降低丝材的电塑性效应，实验中采用的脉冲宽度为 40 μs。

脉冲频率的选择在很大程度上取决于拔丝速度，电塑性拔丝过程中要保证任意一段丝材在塑性变形过程中至少要经历一个电流脉冲，否则会影响加工后丝材的机械性能。最低频率由下式确定：

$$n_d = f(L_b / v_b) \tag{7-40}$$

式中　n_d ——脉冲个数（pcs）；

f ——脉冲频率（Hz）；

L_b ——拔丝模具变形区长度（m）；

v_b ——拔丝速度（m/s）。

为使得脉冲个数 n_d 大于 1，则需保证脉冲频率 $f \geqslant v_b / L_b$。在实际的丝材生产过程中，拉拔热本身已经给丝材生产造成了很大的困难，需要采用润滑、冷却甚至降低拔丝速度和减径量等方法来控制丝材温度升高。因此在实际的电塑性拔丝生产过程中，在保证纯电塑性效应较为明显的同时应尽量降低脉冲频率。

7.3　实验过程及结果分析

实验在改造的水箱式拔丝机上进行，电源正极与丝材表面摩擦式接触，电源负极直接与拔丝模出口处相连，正负电极间距 15 mm。拉拔材料为直径 0.8 mm 的精炼电解纯铜丝，拔后丝材直径 0.7 mm。采用普通硬质合金拔丝模中的弧线形模具，进行单道次拉拔实验。拉拔速度 10 mm/s，以 20%的肥皂水为润滑剂，采用物理吸附的方式对拉拔丝材进行润滑。测试了不同电流密度对拉拔力的影响，由式（7-40）的计算结果选取电流频率为 15 Hz，此外，为了尽量降低电塑性拉拔过程中电热效应，选择了较小的脉冲宽度 40 μs。

图 7-10 显示了不同电流密度下铜丝拉拔力的实验测量曲线和理论计算曲线。图中实验值呈现了抛物线的变化趋势，这和本书关于金属电塑性效应所导致流动应力降低的理论分析结果是一致的，但二者存在着一定的偏差，而且并没有出现理论分析中的纯电塑性效应所导致的金属流动应力降低值的最大值，即在电流密度达到 3110 A/mm^2 以上时曲线没有变得平缓。计算曲线发生突变的原因在于金属纯电塑性效应的位错热激活滑移理论中，热激活产生能量 ΔH 的概率由玻耳兹曼因子 $\exp(-\Delta H / kT)$ 决定，而且 $\dot{\varepsilon}_e = \dot{\varepsilon} \exp(\Delta H / kT)$，所以应变速率随着激活能呈 e 的指数次幂变化，这将导致依据电塑性理论计算得出的丝材拉拔力也呈现抛物线曲线的变化趋势。

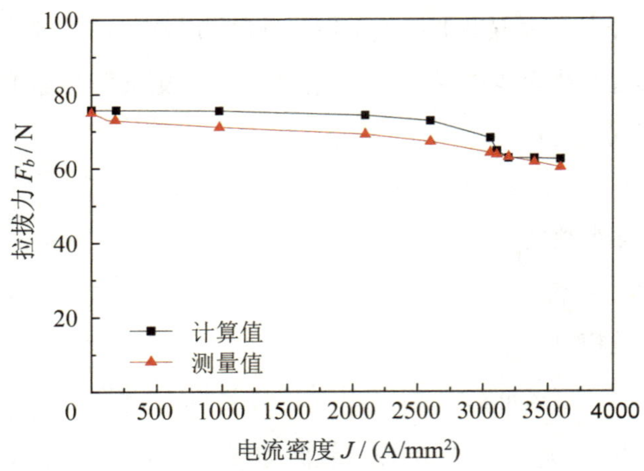

图 7-10　拉拔力与电流密度的关系

另外，金属的纯电塑性效应中电流密度存在上限值，即纯电塑性效应引起的流动应力减少量为外应力的 0.16 倍时的电流密度值。电流密度超出该值以后，纯电塑性效应引起的流动应力减少量为一恒定值，即 0.16 倍的外应力。此后计算曲线的降低是由于温度升高所引起的，应力下降量趋于平缓。

现有的理论研究结果显示，电流对拉拔力的影响不仅仅在于电热效应和纯电塑性效应，而是多种因素共同作用的结果。在电塑性拔丝的过程中，脉冲电流的引入会导致丝材与模具之间的动摩擦系数明显降低，从而使得拉拔力下降。电流对摩擦系数的影响源于两个方面：一是电流的引入降低了金属表面的功函数，进而使得金属的表面能和表面硬度降低，最终导致了摩擦系数降低；二是电流使得丝材与模具接触面的自生热电势聚集的电荷发生转移，进而使得摩擦系数降低[126]。研究人员还发现，摩擦力的降低程度与所施加电流的幅值、波形及频率均有关[127-128]，当电流频率与摩擦热电势信号的主频率接近时，摩擦力降低的幅度最大；在同一幅值、同一频率的条件下，电流波形为三角波时摩擦力降低的幅度最大，正弦波次之，矩形波最小。另外本书在推导脉冲电流导致的金属流动应力变化的理论计算公式过程中，并没有考虑脉冲频率对金属纯电塑性效应的影响。实验发现，在电塑性拉拔的过程中，频率越大，拉拔力越小，拉拔力随频率的升高持续下降。图 7-11 显示了在电流密度为 2000 A/mm^2、脉宽 40 μs 的条件下，不同频率对铜丝拉拔力降低值的影响。

由此可以看出，将电流引入丝材的拉拔过程中，拉拔力的降低与很多因素有关，而目前对于这些众多因素对金属塑性变形过程影响的研究还很不完善，基本上处在理论解释和分析的层面上，没有准确的理论计算方法。本书在电流密度达到 3110 A/mm^2 以上时实验曲线没有变得平缓而是持续下降的原因，可能在于此后的电压不断增大不仅降低了表面功函数，而且抵消了变形区内的大部分自生电势，这将使得摩擦系数不断降低，进而体现为拉拔力的持续降低。另外，测量曲线也没有像计算曲线那样在电流密度为 3110 A/mm^2 左右时急剧下降的情况，这可能是由于将以单向拉伸状态下的位错滑移应变速率公式为理论基础计算的电流作用下的应变速率值直接代入拉拔过程所造成。

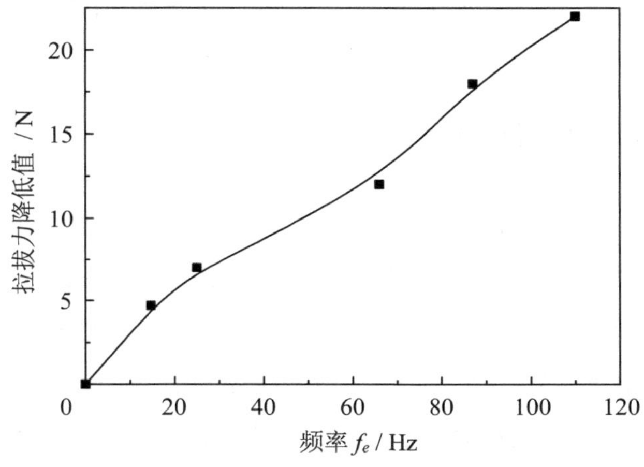

图 7-11　拉拔力降低值与电流频率的关系

本章研究了金属丝材的拉拔过程，推导了常规条件下丝材拉拔力的理论计算公式，将电流对金属流动应力的影响引入拉拔力的理论计算过程，得出了纯电塑性效应和热效应作用下的丝材拉拔力。对现有的水箱式拔丝机进行了改造，实现了铜丝的电拉拔过程，测得了铜丝电拉拔力的实验数据，并将理论数据和实验数据进行了对比分析。从分析结果中可以看出，电流所导致的丝材拉拔力降低是多种因素共同作用的结果，这其中包括纯电塑性效应、焦耳热效应、脉冲电流的脉冲振动冲击以及电流对金属表面功函数和自生热电势的影响等，必须综合考虑这些因素对电拉拔过程的影响，才能更准确地计算出电流作用下的拉拔力。

第 8 章　金属电塑性轧制装置及轧件性能

金属材料的电塑性加工主要利用脉冲电流引起的电塑性效应，以改变材料的性能特征，例如减小金属材料所需的轧制力。虽然目前国内外对于电塑性轧制金属板带的相关机理研究较少，但电塑性轧制技术在工业上已被广泛应用。这是由于相比于常规工艺方法，电塑性轧制技术使得金属板带的加工成形变得更加容易。

8.1　金属板带的电塑性轧制技术

金属板带电塑性轧制技术是一种结合了金属塑性加工和电磁场作用的先进加工方法，近年来备受关注。这种技术通过在金属板材轧制过程中施加脉冲电流，可以显著改善金属板带的塑性变形性能、表面质量和成形精度。王飞[129]对同步电塑轧制和异步电塑轧制 AZ31 镁合金组织性能变化进行分析，研究表明异步电塑轧制有助于促进镁合金再结晶。官磊[130]通过研究不同脉冲参数和轧制工艺对镁合金性能和组织的影响，成功地在较低温度下实现了镁合金的完全再结晶。王岩[131]经分析电塑性轧制对钛合金条带组织性能的影响发现电流密度明显降低了钛合金的变形抗力，而脉冲频率在相同条件下对变形抗力的影响较小。

电塑性效应作为一种有效的金属塑性或加工硬化降低方法，被广泛应用于金属轧制加工中，特别是对于难变形金属的加工问题，在一定程度上得到了解决。然而，在实践应用中，如何设计出更加合理的电塑性轧制加电装置仍是当前需要解决的一个重要问题。在金属的电塑性轧制过程中，必须把较大密度的脉冲电流施加在板带的塑性变形区域。而按照目前的实验与研究结论，想要达到最明显的电塑性效应，电流密度需要超过一定的阈值，这便提高了对电塑性装置的要求。目前，电塑性轧制通常在轧机外设置脉冲电源，通过导线将电流引入轧件的塑性变形区域。例如，如专利名称为“一种电塑性等径轧制轧机”中提到的加电装置，电源的负极通过导线与模具固定板上的接线柱相连，脉冲电源的正极通过电脉冲接口与下轧辊相连，这样在板料的塑性变形过程中，始终有电流施加到塑性变形区域。另外，在专利名称为“一种电塑性宽带轧制装置”中描述了其回路构成，从脉冲电源的正极开始，依次经过上、下轧辊辊系的电塑性装置最后回到脉冲电源的负极。还有专利提到脉冲电源的正极连接左导电辊，负极连接上工作辊，在轧制过程中两者与带钢形成电流回路。尽管这些现有的加电装置能在一定程度上改善难变形金属在室温下的可轧性，但它们结构烦琐且电流回路中的连接部件过多，导致回路电阻较大，电流密度较小。这严重降低了金属在轧制过程中的电塑性效应。因此，尽管这些方法能在一定程度上改善了难变形金属的可轧性，但仍存在巨大的提升空间。

设计一种更大限度利用电塑性效应的电塑性轧制加电装置，以改善金属板带在轧制过程中的塑性差现象。本章致力于优化电流回路中的连接部件，减小回路电阻并提高电流密度，从而更好地利用电塑性效应，实现镁合金等难变形金属的高效轧制。为此，本书提出了一种电塑性轧制加电装置，将电流尽可能地引入轧制塑性变形区。图 8-1 为电塑性轧制加电装置布置示意图。

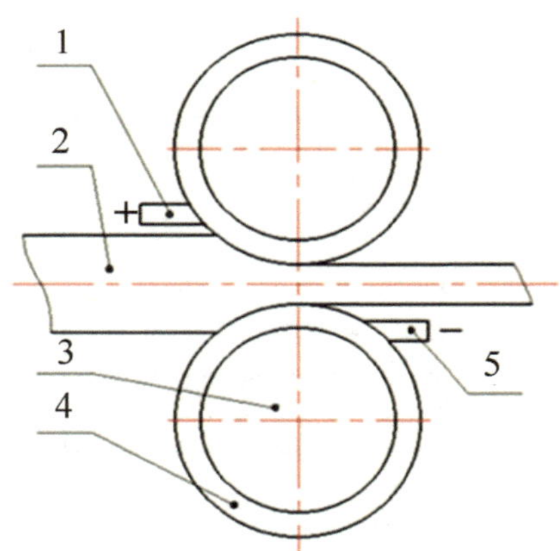

1—正电极；2—轧件；3—辊芯；4—辊套；5—负电极

图 8-1　电塑性轧制加电装置布置示意图

8.2　电塑性轧制加电装置外观设计

8.2.1　不同加电方式对比

如图 8-2 所示，板带材电塑性轧制的加电方式主要分为带材出入口回路型、带材入口与轴承座回路型、上下轴承座回路型。带材出入口回路型的加电方式因其加电方式简易而在工业上应用较多，虽可显著缩短电流回路，但变形区内金属变形方向与电流方向垂直。对于带材入口与轴承座回路型以及上下轴承回路型加电方式，由于轧制过程中，轧辊高速连续旋转，电极与轴承座相连的方案虽然简单有效，但电流经由轴承座、轴承、轧辊到达变形区，回路长、电阻大，易造成电流传输能量损耗。通过模拟仿真以及实验研究可以验证脉冲电源电极分别与上下轧辊相连接的加电方法，使得电流在轧件内部流动方向与金属的变形方向一致，更有利于电塑性效应的应用。

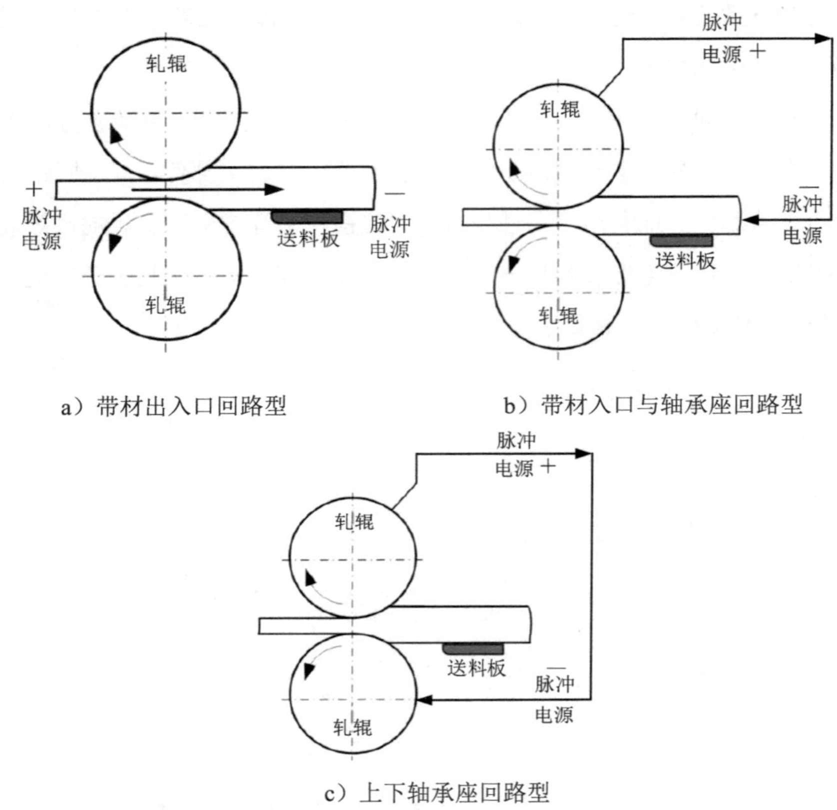

图 8-2　电塑性轧制加电方式示意图

对不同加电方式进行模拟仿真，所设定正电极左侧端面的所有节点以表格形式施加脉冲电压载荷 10 V，所施加脉冲电流频率为 1000 Hz，脉宽为 100 μs。电极和板材的初始温度为 20 ℃，轧辊的初始温度也为 20 ℃，得到了图 8-3 不同加电方式下板带的电流密度分布图，由图 8-3 a）带材出入口回路型密度分布云图，可以发现此种加电方式峰值电流密度为 149 A/mm^2，但从云图中可以发现电流密度更多地在板材的塑性变形区之外，虽然峰值电流密度分布于板材塑性变形区周边，但加载至板材塑性变形区的电流密度过低（塑性变形区电流密度在 0～32 A/mm^2），能源利用率过低。图 8-3 b）为带材入口与轴承回路型的电流密度分布云图，可以发现电流集中分布于出口处，但板带的塑性变形区电流密度仍较低，峰值电流密度仅有 67 A/mm²，这种电流密度的分布现象会使得板带在轧制时的电塑性效果不明显，电流密度较难达到应用电塑性效应的阈值。图 8-3 c）为上下轴承回路型的电流密度分布云图，发现电流集中于板带的塑性变形区与板带与轧辊最开始接触的位置，但峰值电流密度较低，最大电流密度仅为 76 A/mm²。

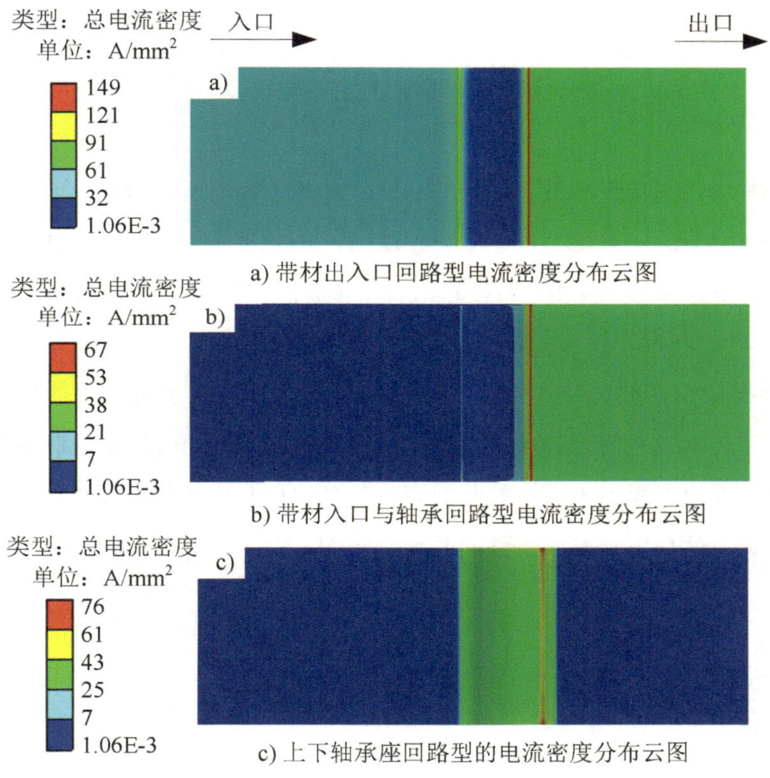

a) 带材出入口回路型电流密度分布云图

b) 带材入口与轴承回路型电流密度分布云图

c) 上下轴承座回路型的电流密度分布云图

图 8-3　不同加电方式下板带的电流密度分布云图

8.2.2　电塑性轧制加电装置的结构

本书提出了一种板带电塑性轧制装置，其基本结构包括机架、绝缘轧辊、轧制组件、电流施加组件等。板带电塑性轧制整体加电装置正视图及剖视图如图 8-4 所示。

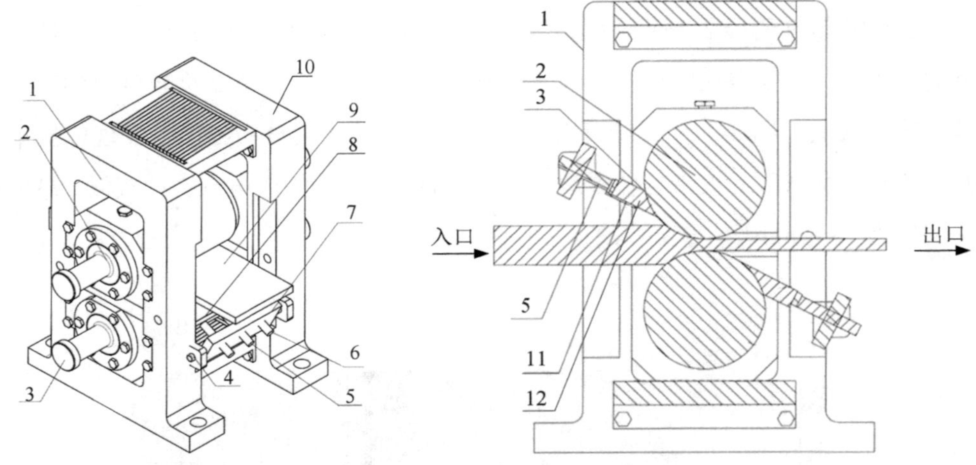

a）板带电塑性轧制装置的整体结构示意图　　b）板带电塑性轧制装置的剖面图

1—机架；2—轧辊一；3—轧辊二；4—位置调节螺钉；5—电极顶推机构；6—电极盒；7—位置调节板；8—负电极；9—轧件；10—板带电塑性轧制装置位置调节板；11—接线板；12—正电极

图 8-4　板带电塑性轧制装置

本书所设计板带轧制装置组成元件机架包括转动设置于机架上的轧辊一、轧辊二，轧辊一和轧辊二之间为轧件成形区，在其基础上通过同时设置轧制组件和电流施加组件。图 8-5 为本板带电塑性轧制装置中轧制组件与电流施加组件的装配原理图；图 8-6 为轧制组件与电流施加组件的装配细节图。

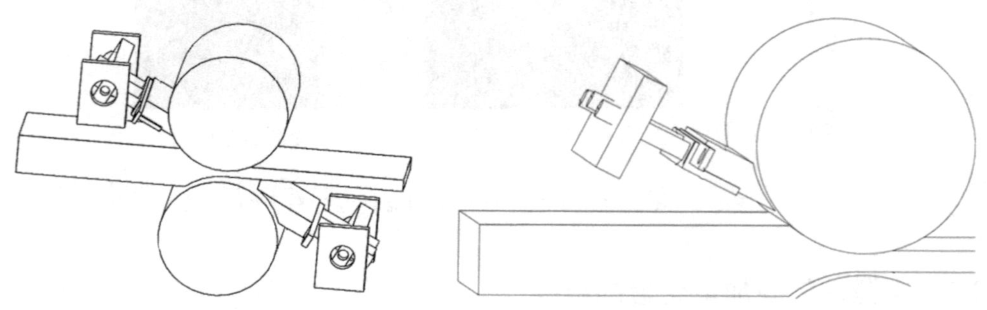

图 8-5　轧制组件与电流施加组件的装配原理图　图 8-6　轧制组件与电流施加组件的装配细节图

图 8-7 中的轧制组件轧辊为本书所设计的绝缘轧辊，其由轧辊套、轧辊芯、螺钉等结构共同组成，轧辊套与轧辊芯之间设置有绝缘层，轧辊套侧边与机架设置有绝缘垫片以保证与机架之间的绝缘。本板带电塑性轧制装置上下绝缘轧辊为同一设计原理，不再赘述。

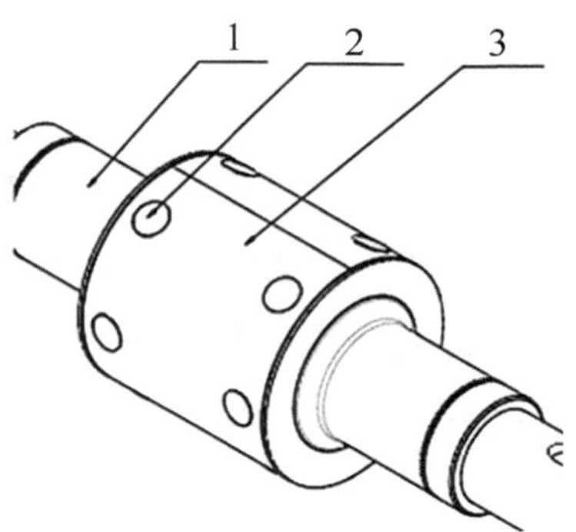

1—轧辊芯；2—螺钉；3—轧辊套

图 8-7　绝缘轧辊结构示意图

在图 8-8 中的电流施加组件，包括正电极和负电极，正电极通过正电极安装机构安装于轧件成形区的入口一侧，且正电极与轧辊一滑动接触配合，负电极通过负电极安装机构安装于轧件成形区的出口一侧，负电极与轧辊二滑动接触配合；正电极用于通过导电结构一连接电源正极，负电极用于通过导电结构二连接电源负极，以在正电极、轧辊一、轧件塑性变形区、轧辊二和负电极之间构成电流回路，向轧件塑性变形区施加电流。其电流施加组件基本结构示意图如图 8-8 所示。

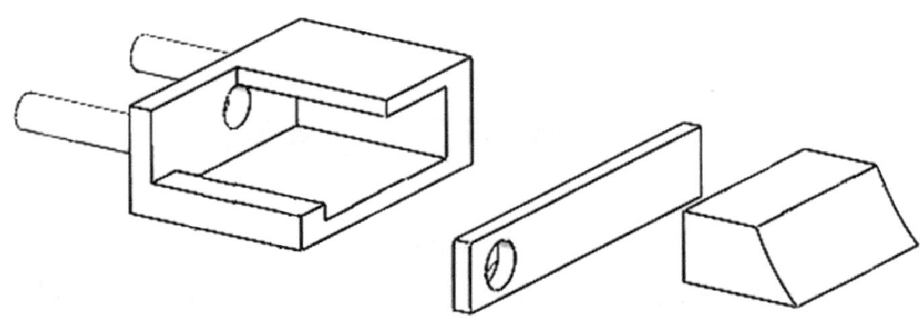

图 8-8　电流施加装置基本结构示意图

板带电塑性轧制装置的正电极安装机构包括：位置调节板与机架活动连接，以调节正电极相对所述轧辊一的姿态；电极盒与位置调节板相连，电极盒内设置有与正电极轮廓适配的滑道，正电极滑动安装于所述滑道内；电极顶推机构设置于位置调节板，电极顶推机构用于将正电极顶压于轧辊一上；压力传感器设置于电极顶推机构上，用于检测电极顶推机构对正电极的顶压力。负电极安装机构的结构与正电极安装机构的结构完全相同。

8.2.3 边缘加电装置及外观设计

针对板带轧制边裂问题，可将正、负电极分别设置成相互独立的两个部分（即正、负电极均由两块电极构成），将这两个部分用绝缘块分隔开，分别对板带的两侧施加辅助电流，让电流主要流经板带轧制塑性变形区的两侧，起到抑制边裂的作用。其边缘加电电塑性轧机外观示意图如图 8-9 所示。

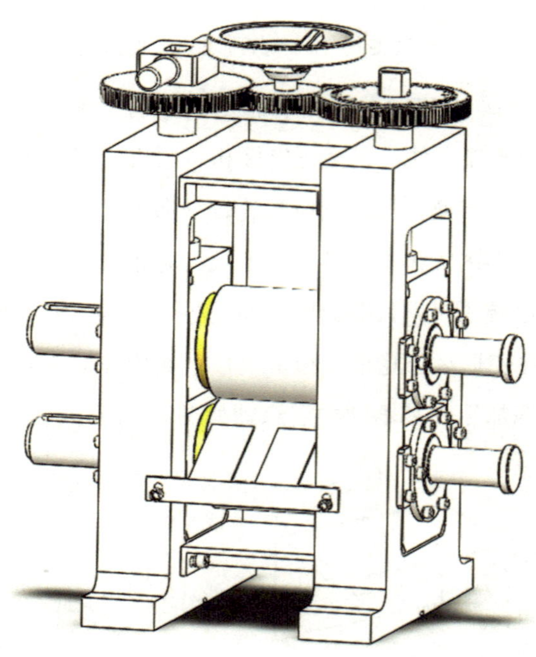

图 8-9 边缘加电装置外观设计

以正电极为例，板带边缘轧制的正电极结构如图 8-10 所示，其结构包括正电极块一与正电极块二，正电极块一和正电极块二之间通过绝缘块间隔，并通过绝缘块相连；正电极块一和正电极块二与轧辊一的接触位置分别对应轧件的两侧边缘位置，电流主要流经轧件的轧制塑性变形区的两侧，起到抑制板带轧制边裂的作用。负电极包括负电极块一与负电极块二，负电极块一和负电极块二之间通过绝缘块相连；负电极块一和负电极块二与轧辊二的接触位置分别对应轧件的两侧边缘位置，让电流流经轧件的轧制塑性变形区的两侧，起到抑制板带轧制边裂的作用。

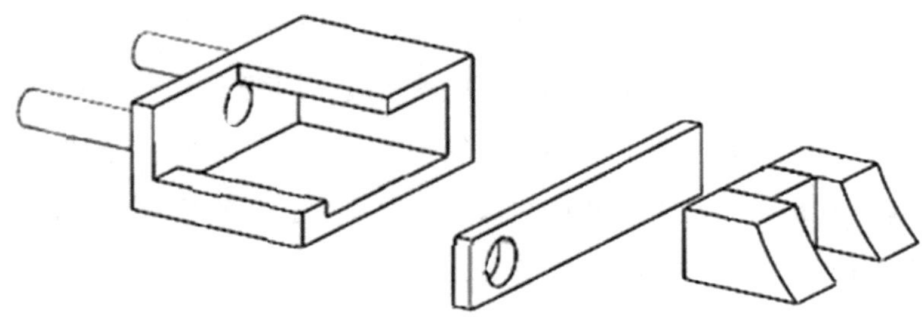

图 8-10　板带边缘轧制的正电极结构示意图

8.2.4　技术方案及技术路线

本书所设计的板带电塑性轧制装置，主要包括机架、轧制组件和电流施加组件，轧制组件包括转动设置于机架上的轧辊一、轧辊二，轧辊一和轧辊二之间为轧件成形区，轧件成形区内供轧件穿过，轧件经轧件成形区的入口一侧进入，经轧件成形区内的出口一侧导出，轧件在经轧件成形区内的出口一侧导出时，已轧制成形。电流施加组件包括正电极和负电极，正电极通过安装机构安装于轧件成形区的入口一侧，且正电极与轧辊一滑动接触配合，负电极通过负电极安装机构安装于轧件成形区的出口一侧，且负电极与轧辊二滑动接触配合；正电极用于通过导电结构一连接电源正极，负电极用于通过导电结构二连接电源负极，以在正电极、轧辊一、轧件塑性变形区、轧辊二和负电极之间构成电流回路，向轧件塑性变形区施加电流。理论研究表明若想得到较明显的电塑性效应，提高金属塑性变形区内的电流密度是行之有效的方法。

由研究学者李大龙[49]所推导的有电流作用时，金属应变速率的理论公式如式（8-1）。在金属受到脉冲电流影响时，其塑性变形过程会经历应变速率的改变，进而使得流动应力发生变化。在拉伸金属板材时，通常会设定一个恒定的应变速率。在拉伸时，无电情况下应变速率由外力驱动；有电流时，应变速率受外力和电流影响的共同作用。当发生电塑性效应时，外力引起的应变速率可用公式（8-1）表示电塑性效应引起的应变速率变化。这种情况下，外力和电塑性效应所引起的应变速率变化值对金属的塑性变形特性和流动应力同时起作用。

$$\dot{\varepsilon}_e = \dot{\varepsilon}\exp\left[\ln\left(\frac{\sigma^*}{\sigma^* + \frac{2h\overline{M}}{eb\pi}J}\right) + \frac{m_b^*\frac{2h\overline{M}}{eb\pi}J}{\sigma^*}\right] \tag{8-1}$$

综上所述，在轧件的塑性变形区通入电流，可有效地促进位错滑移，提高金属塑性。电流密度增大，电塑性效应增强，电流密度与应变速率的降低值成指数关系。

本书提出的板带电塑性轧制装置及轧制方法，根据金属的电塑性轧制和温轧的理论研究结果，在现有传统板带轧机的基础上进行改造，将正、负电极分别设置在轧机入口上侧和轧机出口下侧，并分别于上、下轧辊表面滑动摩擦式接触，尽可能地降低了电流回路的电阻，将电流有效地引入金属轧制塑性变形区，达到了提高金属轧件塑性和改善轧后轧件力学性能的目的。本技术方案提出的板带电塑性轧制装置及轧制方法所提出的技术路线如图 8-11 所示。

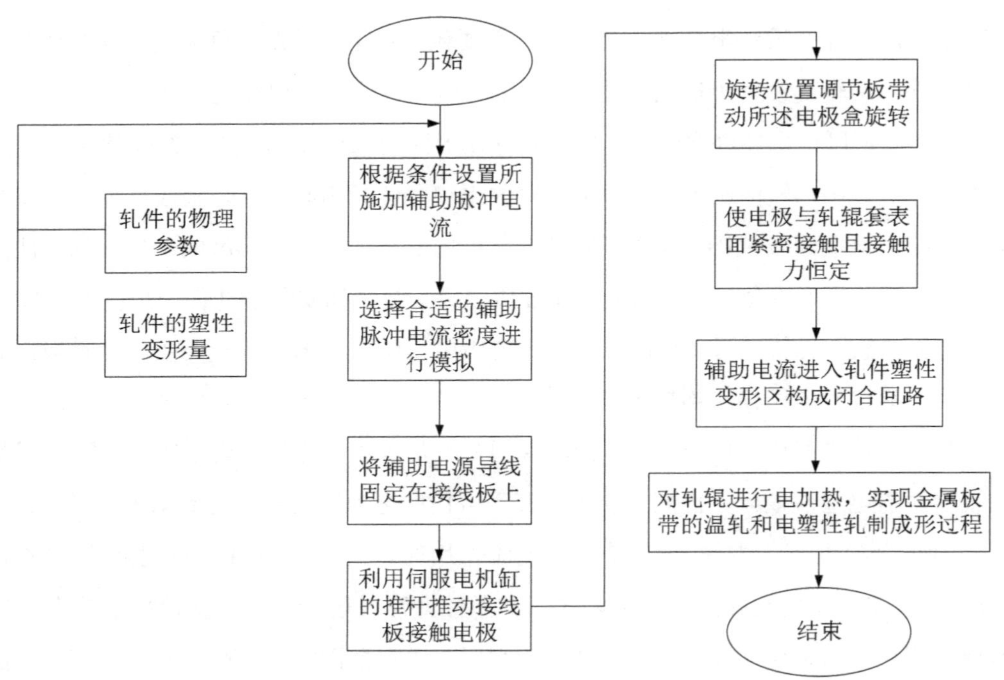

图 8-11　板带电塑性轧制装置及技术路线

与现有技术相比，本装置具有如下优点：

（1）基于位错滑移的热激活理论，得出了电流改善金属塑性的本质，在脉冲电流作用期间，拉伸试样的应变速率发生了变化，这势必会促进位错滑移，宏观上体现为金属流动应力减小，电塑性增强。

（2）综合利用了金属的电塑性效应和电热效应，提高了金属的塑性，降低了变形抗力，同时通过电极的特殊结构布置抑制了轧制边裂，还可以减免轧件成形过程中的退火过程，改善轧后轧件的物理性能，适用于难成形金属带材的轧制过程。

（3）轧辊由轧辊套、轧辊芯构成，二者之间设有绝缘层，电极直接设置在轧辊套表面，有效地将电流引入轧件的塑性变形区，缩短了整个电流回路，降低了整个电流回路的电阻，同时还对轧辊进行适当的电加热，实现金属板带的温轧和电塑性轧制成形过程的同时进行，通过调整电流参数和电极相对于轧辊的位置，控制轧辊和金属板带塑性变形区的电流分布和电热分布，操作简单，适合实际工业生产。

（4）利用压力传感器设定电动缸推杆的输出压力，保证对金属接线板和电极的压力恒定，进而可实现电极和轧辊滑动摩擦式的稳定接触和电极磨损的自动补偿，保证了辅助电流回路接触电阻的稳定性。

8.3　脉冲电流辅助镁合金轧制过程的模拟分析

8.3.1　有限元模型建立

本书所使用三维模型是通过 SolidWorks 进行三维建模，再导入至 ANASYS Workbench 软件进行材料属性定义、网格划分以及电塑性轧制过程中由电流引起的温度场和电流场的一系列模拟研究，依据图 8-1 设计三维立体模型，几何尺寸如表 8-1 所示。在 SolidWorks 软件中进行简化建模后的图形如图 8-12 所示。

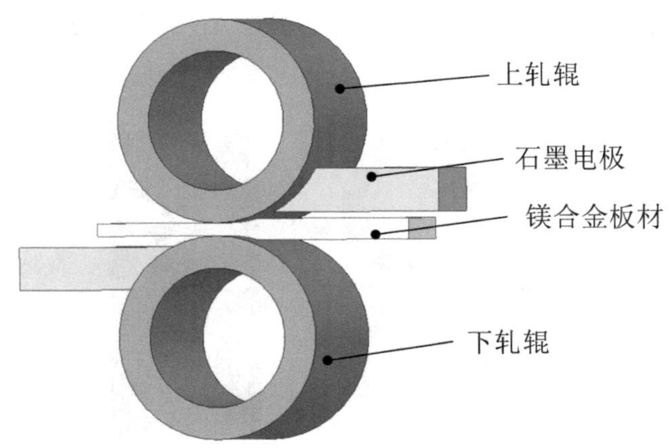

图 8-12　简化后的有限元模型

表 8-1 板材、电极及轧辊几何尺寸

	长度/mm	初始宽度/mm	初始厚度/mm	直径/mm
板材	150	50	10	—
轧辊	96	—	—	95
电极	100	50	20	—

8.3.2 材料属性、网格划分及边界条件

进入 Workbench 的材料设置模块，板带材料为 AZ31 镁合金，所需要的参数有密度、电阻率、热导率、比热容系数等。板带轧件、电极和轧辊套的物理性能参数如表 8-2 所示，其他参数均为软件默认参数。

表 8-2 板带、电极和轧辊套的物理性能参数

	密度/（kg/m^3）	比热容/（J/kg・K）	热导率/（W/m・K）	电阻率/（Ω・m）
板带（镁合金）	1740	1020	96	7.7E-7
电极（石墨）	3300	710	129	8E-6
轧辊套（9Cr2Mo）	7850	460	45	9.8E-8

在 Solidworks 三维建模软件中建模后，将三维模型导入至 Workbench 有限元分析软件的 Model 模块对三维模型进行网格划分。通过 ANSYS 所建立的有限元三维模型如图 8-13 所示。

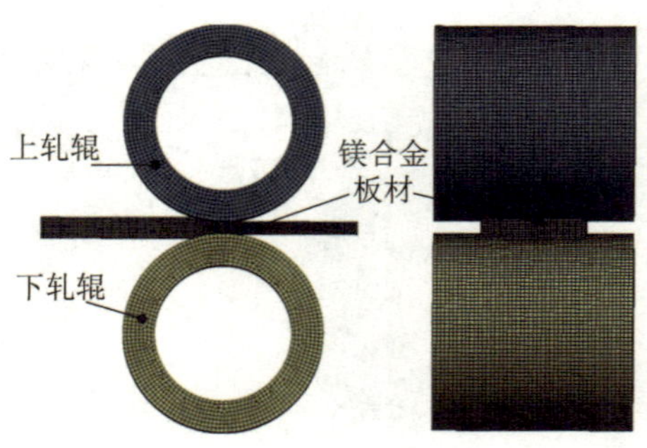

图 8-13 有限元模拟三维模型

对上、下轧辊以及石墨电极采用 Body Sizing，大小为 2 mm，另对上、下轧辊进行 Hex Dominant Method 划分，对需要进行详细分析的 AZ31 镁合金板带进行尺寸为 1 mm 大小的 Body Sizing 网格划分，划分后模型节点数目为 818 213，网格数量为 189 384。

仿真模拟在板材最左端向左施加位移载荷，负电极右侧端面节点电压设为零。设定正电极左侧端面的所有节点以表格形式施加脉冲电压载荷 10 V，所施加脉冲电流频率为 1000 Hz，脉宽为 100 μs，电流作用时间设为 1 s，电极、板材和轧辊的初始温度设为 20 ℃。模型的外表面与环境进行自然对流换热，电极和轧辊的间接触传热系数为 100 W/（m^2·K），轧辊和板材的间接触传热系数为 50 W/（m^2·K）。

8.4　不同工艺参数对轧制过程电流场及温度场的影响

在对电塑性轧制加电装置进行设计时，除了确保轧制变形区内的电流密度达到电塑性发生的临界值外，还需要尽可能使电流在轧辊和轧件内部均匀分布，否则将影响轧后板材的物理性能。主要涉及电极相对于轧辊的摆放位置（即电极与板材的距离）和电极与轧辊相接触位置处的形貌。电塑性轧制工艺需尽可能排除电热效应对于板材的影响，在电塑性轧制过程中，需要同时考虑电塑性效应和降低电热效应。

在板材的电塑性轧制过程中，板材温升的主要来源为以下几个方面：板材在轧制过程中塑性变形和脉冲电流作用所引起的热量。经由 ANSYS Workbench 有限元仿真软件进行电塑性轧制时板材温度场的分布分析。针对由各种原因而产生的温升进行单独分离，对其进行独立的分析研究。本书仿真模型只涉及电流焦耳热效应对板材的影响，并未考虑脉冲电流波形对于板材温升的影响。

8.4.1　电场及温度场云图分布均匀性分析

图 8-14 为电极与轧辊接触处的电流分布云图，可以观察到电流在电极与轧辊相接触处存在集中分布。图 8-15 为轧件塑性变形区附近的电流分布云图，可以发现施加在板材塑性变形区上的电流密度数值范围为 0～100 A/mm^2，在电流密度低于 54 A/mm^2 时，电流非均匀分布区长度较为均匀，而在板材与轧辊接触处以及电极与轧辊接触处，出现电流集中分布的现象，电流密度高于 54 A/mm^2。轧辊与板材相接触处也存在电流集中分布的情况。这种电流分布不均匀的情况，会导致轧制温度分布不均，最终影响轧制后板材的物理性能。

轧辊转速一定时，板材塑性变形区的电流密度及温度场分布云图分别如图 8-16、8-17 所示。板材的最大温升出现塑性变形区，在定径带和变形区交界靠近轧辊套的位置，焦耳热导致的最大温升为 25.11 ℃。

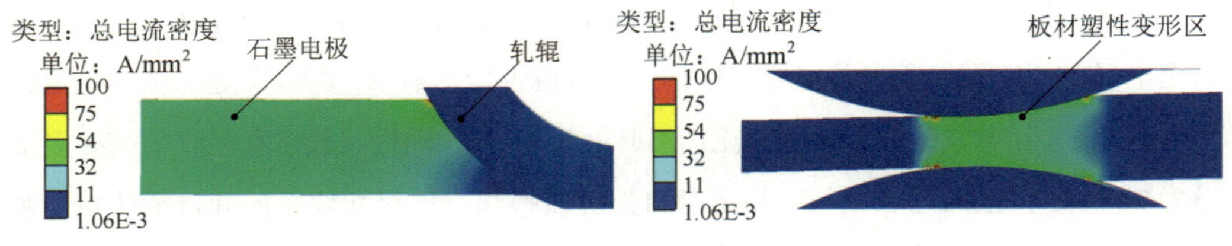

图 8-14　电极与轧辊接触处电流密度分布云图　图 8-15　板材塑性变形区电流密度分布云图

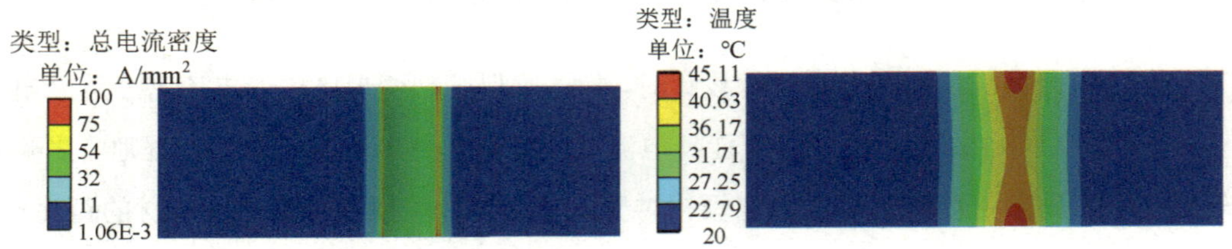

图 8-16　塑性变形区板材宽度方向电流密度分布云图　图 8-17　塑性变形区板材的温度场分布云图

8.4.2　不同参数对板材电流密度及温度的影响

1. 电极与板材宽度差对峰值电流密度的影响

电极与板材宽度差对装置以及板材塑性变形区电流密度的影响如图 8-18 所示。在电极宽度低于板材宽度 20 mm（即电极与板材宽度差为−20 mm）时，电流负载上的峰值电流密度为 96 A/mm²，板材上的峰值电流密度为 59 A/mm²；在宽度差从−20 mm 增长至 0 mm 的过程中，电流负载上的峰值电流密度的变化很小，板材上的峰值电流密度由 59 A/mm² 增至 96 A/mm²，并且当宽度差增至 0 mm 时，电流负载上的峰值电流密度也为 96 A/mm²，此时电流负载上的峰值电流密度与板材上的峰值电流密度相等。在宽度差由 0 mm 增至 20 mm 的过程中，两者的峰值电流密度时时相等，且由 0 mm 时的 96 A/mm² 增长至 138 A/mm²。可知，在一定的电参数和板材宽度下，电极与板材宽度差成负值时，电流负载的峰值电流密度趋于稳定且高于板材上的峰值电流密度，板材上的峰值电流密度随电极与板材宽度差的增大而逐渐增加。在石墨电极与板材宽度差等于或大于零时，电流负载上的峰值电流密度与板材上的峰值电流密度相等，且峰值电流密度随宽度差的增加而增加。

而电流负载以及板材上的峰值温度受电极与板材宽度差的变化不大，电流负载上的峰值温度呈现出先上升后下降的趋势，在电极与板材宽度差为零时达到最大，达到

273 ℃，而板材上的峰值温度随电极与板材宽度差的增大而呈现出逐渐增大的趋势，但变化幅度较小。

2. 电极宽度对板材塑性变形区电流非均匀长度及温度的影响

在电塑性轧制过程中，选择合适的电极宽度对于该电塑性轧制过程的有效实施至关重要。保持电极与轧辊之间良好的电接触至关重要，较宽的电极提供更大的接触面积，有助于确保良好的电接触。然而，较大的接触面积可能导致更大的摩擦力和摩擦热的产生，对轧制过程可能会有一定影响。通过对图 8-19 的数值模拟结果进行分析，可以揭示电极宽度和电流非均匀分布区长度之间存在一定的关联规律：在电极宽度仅为 10 mm 时，电流非均匀长度区的长度为 10 mm；在电极宽度从 10 mm 增长至 20 mm 的过程中，电流非均匀长度区的长度也从 10 mm 增长至 11.5 mm；而在电极宽度较大时，即电极宽度从 20 mm 增长至 50 mm 的过程中，电流非均匀分布区的长度仅从 11.5 mm 增长到 13 mm。综上所述，电流非均匀分布区长度对于电极宽度的变化，在电极宽度较窄时更为敏感，但当电极宽度达到 20 mm 以上时，长度变化减缓并成线性关系。

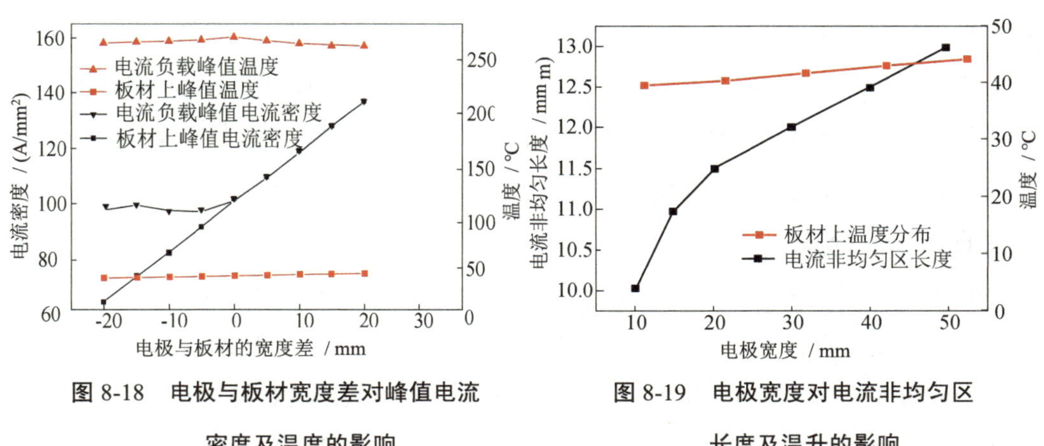

图 8-18　电极与板材宽度差对峰值电流密度及温度的影响

图 8-19　电极宽度对电流非均匀区长度及温升的影响

3. 轧辊套厚度对板材峰值电流密度及温度的影响

轧辊套厚度的选取对于电塑性轧制过程中板材的电塑性效应具有一定的影响，如图 8-20 所示为轧辊套厚度对电流负载及板材的峰值电流密度及峰值温度的影响。由图 8-20 可知，电流负载上峰值电流密度随轧辊套厚度的不断增大而不断减小，初始 10 mm 的轧辊套厚度所对应的电流负载峰值电流密度 121 A/mm^2 下降至轧辊套厚度为 40 mm 的 97 A/mm^2。在轧辊套厚度由 10 mm 变化至 40 mm 的过程中，轧辊套厚度由

10 mm 增大至 20 mm 时电流负载及板材峰值电流密度的下降幅度较大，由 121 /mm^2 下降至 103 A/mm^2；且轧辊套厚度小于 20 mm 时，此时电流负载上的峰值电流密度大于板材上的峰值电流密度，而当轧辊套厚度大于等于 20 mm 时，电流负载上的峰值电流密度与板材上的峰值电流密度相等。

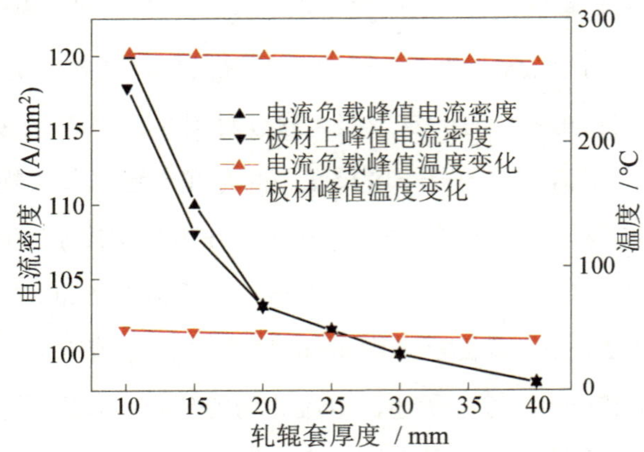

图 8-20　轧辊套厚度对板材峰值电流密度及温度的影响

对于这种现象解释可从电流的传播路径来进行解释：当轧辊套厚度较小时，电流由电极先传导至轧辊套再流经至板材，在此过程中板材厚度较小、路径较窄，从而导致电流无法变得均匀。而在整个轧辊套的厚度变化过程中，板材上峰值电流密度变化趋势基本与电流负载上的峰值电流密度保持一致。综上所述，随着轧辊套厚度的不断增加，电流负载及板材上温度变化都呈现出不断减小的趋势，但温度变化对于轧辊套厚度的改变并不敏感。

4. 单道次压下量对板材塑性变形区电流非均匀长度以及温度的影响

当电参数及板材宽度 H 一定时，研究单道次压下量变化对轧制过程中板材电流非均匀分布区长度的影响。单道次压下量为板材轧制前后厚度之差与原厚度之差。单道次压下量对板材电流非均匀分布区长度的影响如图 8-21 所示。

在单道次压下量为 1 mm 时，电流非均匀分布区长度为 18 mm；当单道次压下量为 2 mm 时，电流非均匀分布区长度减小至 15 mm，下降了 3 mm；而在单道次压下量由 2 mm 增长至 6 mm 时，电流非均匀区长度由 15 mm 下降至 12 mm，下降了 3 mm。从整体上看，板材的电流非均匀分布区长度的变化随着单道次压下量的增大而逐渐减小。而在单道次压下量较小时，镁合金板材塑性变形区的电流非均匀分布区长度对于压下量的变化是较为敏感的，波动较大；随着压下量的增大，电流非均匀分布区长度的变化对压下量的变化敏感程度逐渐减小，即电流非均匀分布区长度的下降量趋于平缓。

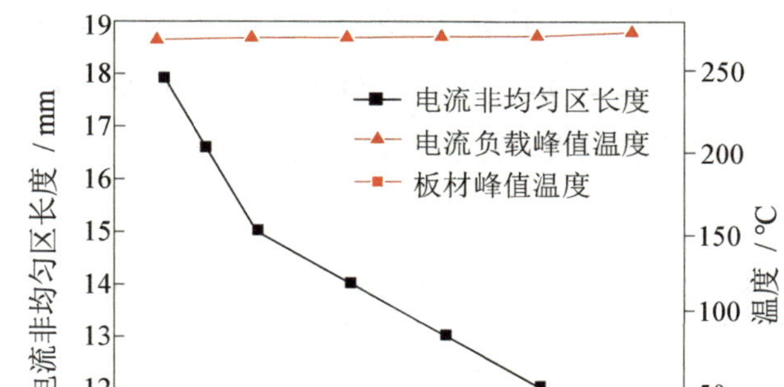

图 8-21　单道次压下量对电流非均匀分布区长度及温度影响

5. 电极长度对于板材峰值电流密度的影响

在其他参数一致时，仅改变石墨电极长度，探究电极长度对于板材电流密度的影响规律。具体变化规律如图 8-22 所示。随着石墨电极长度的不断增加，板材峰值电流密度不断下降，且趋近于线性关系，这是由于随着电极长度降低，整个电流回路所经由的路径减少，电阻降低使得板材轧制塑性变形区的峰值电流密度增加。

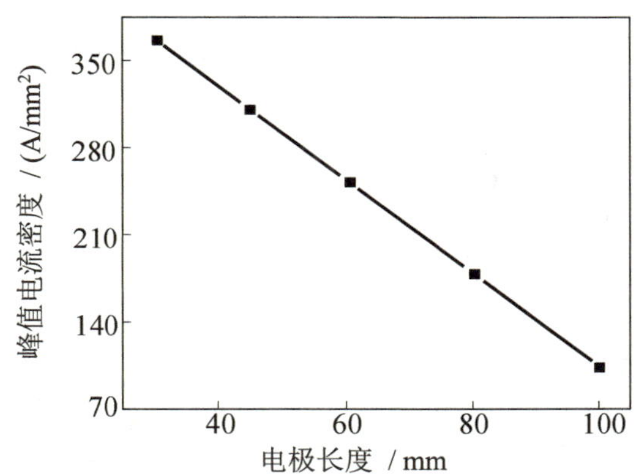

图 8-22　电极长度对于板材峰值电流密度的影响

6. 板材电阻率对电流非均匀分布区长度的影响

改变金属板材的电阻率会对板材塑性变形区内电流分布的均匀性产生一定影响。当金属板材的电阻率较高时，塑性变形区内电流分布的非均匀区域就会变小，这是因为高电阻率导致电流扩散困难，使得电塑性轧制过程中电流密度更多地集中于板材的塑性变形区。而当板材电阻率较小时，电流密度在塑性变形区上的变化范围很大，导致板材上电流密度的均匀性很差。在板材电阻率从 $1\times10^{-11}\,\Omega\cdot m$ 增长至 $1\times10^{-7}\,\Omega\cdot m$ 时，电流非均匀分布区长度由 27 mm 下降至 9 mm。电流非均匀分布区长度在板材电阻率低于 $1\times10^{-7}\,\Omega\cdot m$ 时变化较大，而在电阻率大于 $1\times10^{-7}\,\Omega\cdot m$ 时，电流非均匀长度趋于稳定。

表 8-3　电流非均匀区长度与板材电阻率之间的关系

板材电阻率/（Ω·m）	1E-11	10E-7	10E-5	1
电流非均匀分布区长度/mm	27	9	8.5	8

7. 轧制速度对板材温升的影响

当石墨电极宽度、轧辊辊缝以及电参数不变时，轧制速度对于轧制过程中板材的温升也有所影响。预定初始轧制速度为 20 mm/s，经计算可得电流作用时间为 0.75 s。通过改变轧制速度探究板材表面温升的具体变化规律如图 8-23 所示。随着轧制速度的不断增加，AZ31 镁合金板材上由焦耳热所导致的最大温度呈现下降趋势。这是由于随着轧制速度的增加，镁合金板材与轧辊接触时间减少，同时也导致脉冲电流作用于板材的时间越短，减少轧制过程焦耳热这一因素所导致的温升。

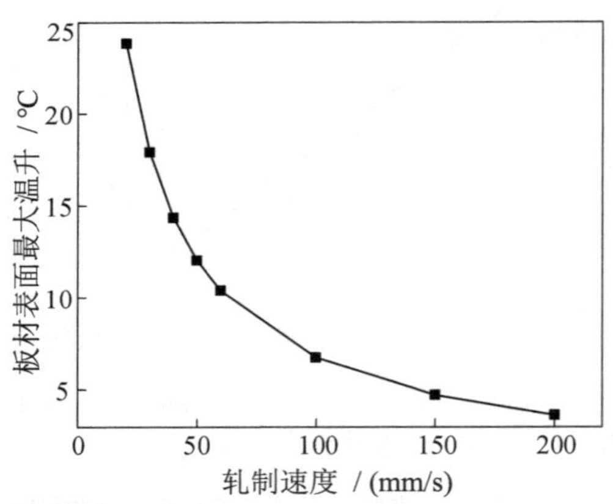

图 8-23　轧制速度对板材表面温升影响规律

8. 板材外表面上的变形热及焦耳热

（1）变形热效应

在金属塑性变形过程中，大部分的塑性变形功将转化为热能，从而使得金属板材的温度升高。假设塑性变形过程中的变形功全部转化为热能，所引起的金属温升可由

式（8-2）得出

$$\Delta T = A / GCBHL \tag{8-2}$$

式中　A——金属变性功（J）；

G——金属重量（kg）；

C——比热（J/kg • K）；

B——板材宽度（mm）；

H——热量（J）；

L——板材长度（mm）；

在进行轧制过程时，金属的塑性变形功可根据 Fink 公式进行计算。由于塑性变形功未完全转化为热能，经轧辊或空气等途径消耗，可考虑引入系数α来衡量这些损失，得到式（8-3）：

$$\Delta T = \frac{(1-\alpha)p\ln(h_0 / h_1)}{\rho cBHL} \tag{8-3}$$

下面代入模拟的轧制数据进行计算，板材初始厚度 10 mm，轧后厚度 7 mm。AZ31 镁合金的屈服强度为 140 MPa，计算时将其设为平均单位压力。AZ31 镁合金密度为 1740 kg/m³，比热 1020 J/kg •K，热功当量 4.187，系数α取 0.3。将上述数据代入式（8-3）进行计算，则求得

$$\Delta T = \frac{(1-\alpha)p\ln(h_0 / h_1)}{\rho cBHL} = 4.74\ \ ^{\circ}\mathrm{C} \tag{8-4}$$

（2）焦耳热

变形热和焦耳热所引起的板材外表面上沿长度及宽度方向上的温度升高情况如图 8-24、8-25 所示。由图 8-24、8-25 可以看出，变形热导致的温升相较于总温升较小，而电流作用所产生的焦耳热大约占了总温升的 80%以上。在板材长度方向上的温升在板材的塑性变形区的中心处达到最大，越靠近端部温升越小，在板材宽度方向上的温升则呈现出中心温度相比于边界处温升要小的现象。

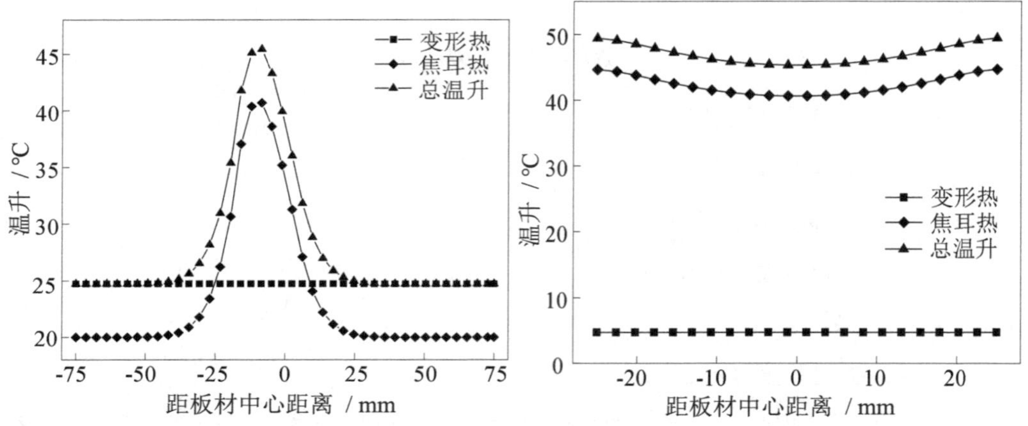

图 8-24 沿板材长度方向上的温升曲线 **图 8-25 沿板材宽度方向上的温升曲线**

以上结合所设计的轧制加电装置及仿真研究确定轧制实验加电装置具体尺寸参数，并进行电塑性轧制实验平台的搭建，对室温下不同工艺参数对 AZ31 镁合金板材边缘裂纹和轧制力的影响进行研究，分析不同电流密度下电塑性轧制对 AZ31 镁合金的轧后微观组织及力学性能等的影响。接下来进行金属板带电塑性轧制的实验研究。

8.5 金属板带的电塑性轧制实验方法

8.5.1 电塑性轧制实验装置

本实验主要实验用具包括实验室二辊轧机、高能脉冲电流源、加电装置、轧制力传感器、轧制力采集系统及绝缘轧辊；所选择的电源为 JX-HP 高功率脉冲电源，图 8-26 展示了其外观。该电源的特点是具备高功率脉冲输出、稳定可靠，适用于轧钢、拉丝及冷弯等行业的实验电源，电源参数如表 8-4 所示。

表 8-4 脉冲电源参数

型号	输出功率/kVA	输入电压/V	输出频率/Hz	输出电压/V	脉冲占空比/μs
JX-HP	34	三相380VAC	2～1000，连续可调	0～75，连续可调	3～100

图 8-26　JX-HP 高功率脉冲电源

电塑性轧制实验所使用的轧辊为绝缘轧辊，实验开始前，需将镁合金板材放入轧辊并戴上绝缘手套，小心操作以确保闭合回路形成。总体装置连接示意图如图 8-27 所示，加电装置连接细节图如图 8-28 所示。

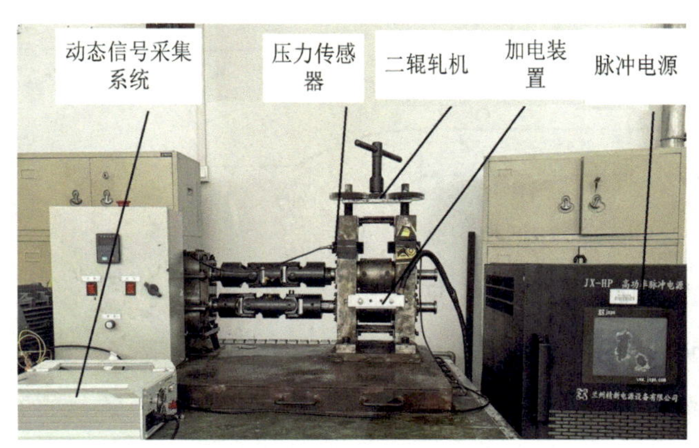

图 8-27　装置连接示意图

图 8-28　加电装置连接细节图

根据 ASTM E-8 标准，在燕山大学国家冷轧板带装备及工艺工程技术研究中心的 Z100 型 Zwick 拉伸实验机上对镁合金试样的力学性能进行室温下的单轴拉伸实验。实验数据通过拉伸机自主配备的传感器采集，具体的拉伸实验机和试样尺寸如图 8-29 所示。

将试件加工成如图 8-29 b）所示，为保证实验数据可靠，同一参数试样进行 2～3 组实验。实验拉伸速率设定为 0.1 mm/min，试样厚度在 0.8～1.3 mm 间。

a）Zwick 万能拉伸实验机

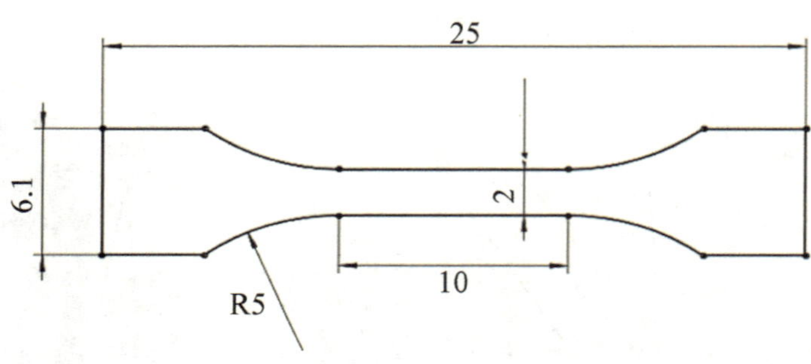

b）拉伸件尺寸（单位：mm）

图 8-29　拉伸实验机和拉伸件尺寸

8.5.2　电塑性轧制实验材料

研究中使用了商业化的 AZ31 镁合金作为实验材料，研究脉冲电流对其微观组织和力学性能的影响。实验使用的 AZ31 镁合金尺寸为 100 mm×10 mm×1.3 mm，化学成分如表 8-5 所示。

表 8-5　AZ31 的化学成分（质量分数，%）

Al	Zn	Mn	Si	Ca	Mg
3.1	0.82	0.335	0.03	0.05	余量

8.5.3　电塑性轧制的电参数设定

电塑性轧制过程利用纯电塑性效应对板材进行加工，应尽量减少电热的影响，以确保板材性能和质量。电热效应会加重轧制温度对板材的影响，因此在电塑性轧制中，需要在保持电塑性效应的同时尽可能减少电热效应。电塑性轧制与传统轧制的区别在于需要设定额外的电参量，包括电流密度、脉冲宽度和脉冲频率。研究指出，电塑性效应与电流密度之间存在幂函数关系，即随着电流强度增加，电塑性效应会愈加明显。

脉冲频率的选择在很大程度上取决于轧制速度，电塑性轧制过程中要保证任意一段板材的塑性变形区的轧制过程要经历相同电流脉冲，且电流脉冲在同一个板材的塑性变形区所经过的电脉冲数目不宜过大，否则将加大电热的积累，而较小的脉冲频率对于轧制过程的板材无疑加大了数据的采集难度。所以选择合适的频率大小对于电塑性轧制至关重要。最低频率由下式（8-5）确定：

$$n_d = f\left(L_b / \upsilon_b\right) \tag{8-5}$$

式中　n_d ——脉冲个数（pcs）；

f ——脉冲频率（Hz）；

L_b ——板材变形区长度（m）；

υ_b ——轧制速度（m/s）。

电塑性轧制过程中，应注意避免电热效应的积累，以免影响镁合金板材的时效行为，进而对性能和质量产生不利影响。电塑性轧制需设定电流强度、脉冲宽度和频率，由于脉冲宽度对电塑性效应影响不大，但过窄的脉冲宽度会降低电塑性效应的影响，因此选取的脉冲宽度范围为 50～100 μs。对不同加电方式下电塑性轧制后的镁合金边裂情况和轧制力进行了分析。

8.6　电塑性轧制实验结果与分析

8.6.1　不同参数对镁合金板带边裂及轧制力的影响

1. 压下量对板材宏观形貌及轧制力的影响

本节研究了室温下不同工艺参数对 AZ31 镁合金边缘裂纹的影响，包括不同压下量时冷轧及电塑性轧制对 AZ31 镁合金板材边部裂纹及轧制力的对比实验。如图 8-30 所示为不同压下量下镁合金板材的宏观形貌，图 8-30 a）、c）、e）为 15%、25%及

35%压下量冷轧板材表面形貌，图 8-30 b）、d）、f）为 15%、25%及 35%压下量时板材电塑性轧制后板材表面形貌。轧后镁合金试样的边裂状态，包括边裂数目、边裂深度等如表 8-6 所示。为减小板材进出轧辊时对板材边裂问题的影响，上述所选取的裂纹部位均为板材中部 30 mm。

a）35%冷轧　b）35%电轧　c）25%冷轧　d）25%电轧　e）15%冷轧　f）15%电轧

图 8-30　不同压下量下镁合金板材的宏观形貌

表 8-6　不同压下量下边裂状况

压下量/%	冷轧边裂数目	冷轧最大裂纹深度/mm	电脉冲作用下边裂数目	电脉冲作用下最大裂纹深度/mm
10	1	1	0	0
15	2	2	0	0
25	6～10	4	3～5	2
35	10～15	4	8～10	4

根据图 8-31 的数据显示，随着压下量的增加，无论是在冷轧或者电轧过程中，板材边部裂纹会逐渐扩大。在相同的压下量下，电塑性轧制相比于冷轧，能够降低板材边缘裂纹的数量和深度。例如，当压下量达到 15%时，冷轧后的镁合金板材会出现少量边缘裂纹；而在相同 15%的压下量下，电塑性轧制后的板材边裂数目极少甚至难

以观察。当板材经过单道次 35%的轧制后，边缘裂纹数量和深度会急剧增加，同时表面质量也会急剧下降。在这一压下量下，电塑性轧制后的板材裂纹数量有所下降，但最大裂纹深度并未减少。通过对比三种不同压下量的数据，可以看出 25%压下量时冷轧和电塑性轧制的对比效果表现最为明显。

根据图 8-30 所示数据，随着压下量增加，两种轧制工艺下板材的轧制力表现为同一种趋势，即随着压下量的增大，轧制力也随之上升。例如当压下量从 15%增至 35%时，冷轧轧制方式下，板材的轧制力由 12.4 kN 上升至 21.3 kN。而在本书所设计的辅助加电装置下，板材的轧制力同样由 15%压下量的 10.8 kN 增长至 35%压下量的 19.8 kN。对冷轧及电塑性轧制两种轧制方式进行比较，可以发现经过电塑性加电方式轧制后板材的轧制力始终低于冷轧，这表明此类加电方式下能达到电塑性效应所需的阈值，起到使镁合金板材的变形抗力下降、提高其塑性变形能力的目的。

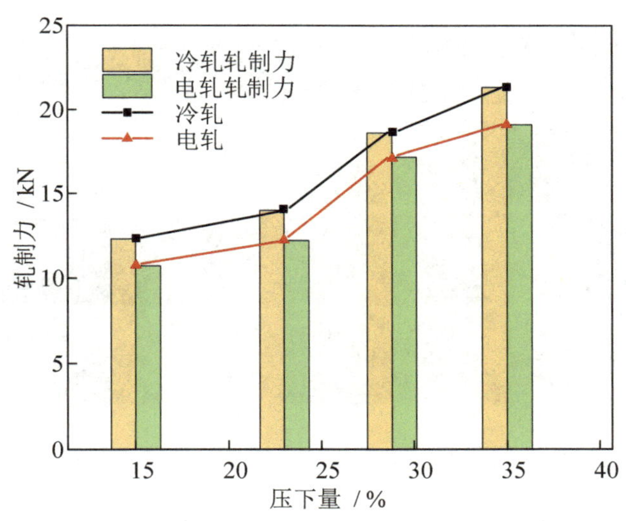

图 8-31　不同压下量下轧制力对比图

2. 不同电流密度对板材宏观形貌及轧制力的影响

在镁合金电塑性轧制过程中，板材塑性变形区电流密度的大小对于轧制过程中板材塑性的影响极为显著，轧制过程中镁合金的成形能力随着所施加电流密度的增大不断增加，宏观表现为轧制力的下降值，本节探究了不同电流密度下电塑性轧制对于镁合金表面形貌及轧制力的影响规律。

为使轧制过程中板材塑性变形区的电流密度更加显著，所选的板材为宽 10 mm、长 100 mm、厚度 1.3 mm 的 AZ31 镁合金板材。轧制过程中通过霍尔元件记录脉冲电源所输出的电流强度数值，将其作为负载加载于第 3 章的轧制模型中，通过有限元模拟分析得到镁合金板材轧制过程塑性变形区的峰值电流密度数值。为更好地验证电流密度对于电塑性轧制过程所起到的效果，本节通过控制变量的方式，选择统一的 20% 压下量，进行不同峰值电流密度下的电塑性轧制，图 8-32 为不同电流密度下轧后镁合金板材的宏观形貌。由图 8-32 可知，随着峰值电流密度的增大，板材的表面质量不断改善。在峰值电流密度为 0 A/mm^2 时，板材边部边裂数目较多，且有些许边裂深度较深，在电流密度由 0 A/mm^2 增大至 150 A/mm^2 时，相较于电流密度 0 A/mm^2 板材的表面形貌质量并未发生明显改善，这是由于板材的塑性变形区电流密度较低，无法达到电塑性效应产生的阈值。而当峰值电流密度增长至 340 A/mm^2 时，板材边部的裂纹数目、深度及表面质量较 0 A/mm^2 时有明显的改善。当峰值电流密度进一步增长至 750 A/mm^2 时，板材表面的裂纹几乎完全消失。

a）0 A/mm^2　b）420 A/mm^2　c）1 000 A/mm^2　d）2 300 A/mm^2

图 8-32　不同电流密度下轧后板材的宏观形貌

电塑性轧制过程脉冲电流的作用效果也可从轧制过程中的板材轧制力进行解释，图 8-33 为板材在 20%压下量时，轧制力随峰值电流密度的变化规律。由图 8-33 可知，当镁合金板材塑性变形区的峰值电流密度低于 150 A/mm^2 时，板材的轧制力下降幅度并不明显。而当轧制过程中板材塑性变形区峰值电流密度增大至 340 A/mm^2 以上时，可以发现在此峰值电流密度下，板材在轧制过程产生了较为明显的轧制力下降。通过对轧制力随峰值电流密度的实际测量值进行多项式拟合可知，轧制力随峰值电流密度的几何关系表现为幂指函数形式。

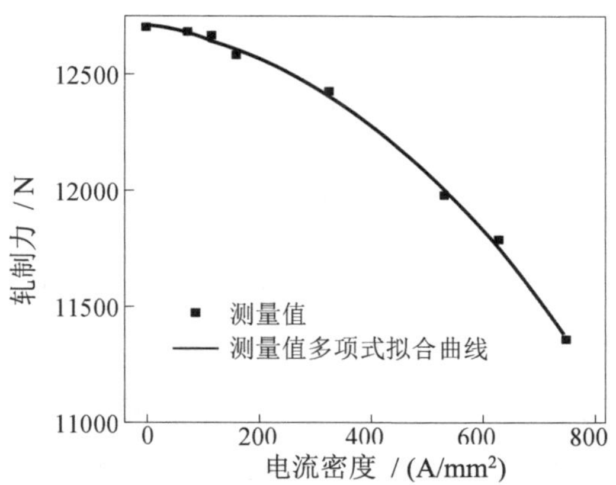

图 8-33　轧制力随电流密度的变化规律

8.6.2　电塑性轧制对镁合金微观组织的影响

上文研究了不同加电方式下镁合金经电塑性轧制后的边裂及轧制力变化规律。实验表明，脉冲电流的引入可以有效抑制轧制过程中边裂的产生。本节研究了电塑性轧制对镁合金微观组织的影响，通过分析不同轧制方式对镁合金显微组织和力学性能的影响，以更深入地了解电塑性轧制对镁合金性能的影响。

对不同轧制方式后的试样进行金相组织观察，金相试样的制备方法：通过线切割截取 5×5 的待观察试样，使用环氧树脂对其进行冷镶；将冷镶试样按照由粗到细的无锡水墨砂纸磨至与镜面一样亮。所使用的腐蚀剂为含有 1 g 草酸、1 mL 硝酸、1 mL 乙酸和 150 mL 水的混合物。在进行试样腐蚀处理时，因腐蚀剂腐蚀性较轻，需反复擦拭 12 s 左右。然后将试样用酒精清洗并吹干，迅速转移至显微镜下进行观察。进行金相观察的显微镜见图 8-34，AZ31 镁合金原始组织金相图如图 8-35 所示。

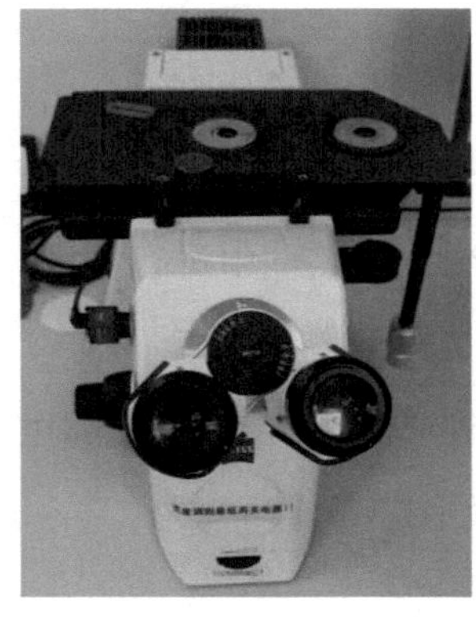

图 8-34　金相显微镜

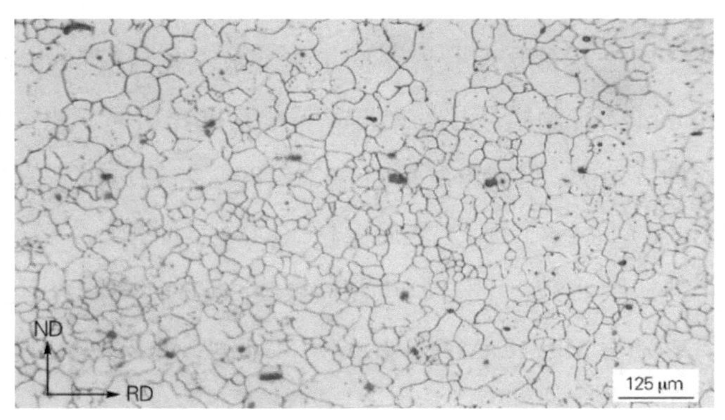

图 8-35　原始组织

图 8-36 展示了冷轧和电轧后不同压下率下的板材组织形貌。随着变形量的改变，材料组织发生明显的演变。AZ31 薄板初始组织为不均匀的等轴晶，经过轧制后主要由孪晶和剪切变形带组成。电塑性轧制在 15%的压下率下，相较于冷轧，保留了更多原始晶粒，晶粒内还出现了更多平行孪晶组织，表明在进行单道次小压下率轧制时，孪晶是主要的协调变形机制。而当压下率增加至 25%时，合金内部出现大量片层状晶粒及剪切带。在单道次压下率增加至 35%时，晶粒组织被拉长，孪晶带贯穿整个晶粒，原始晶粒被分割细化破碎。这是因为变形量增大，孪晶协调变形能力有限，孪晶和动态再结晶共同起到协调变形作用。相比于同等压下率的冷轧与电轧，高能脉冲电流通入使轧制板材变形更加均匀，晶粒更细小。

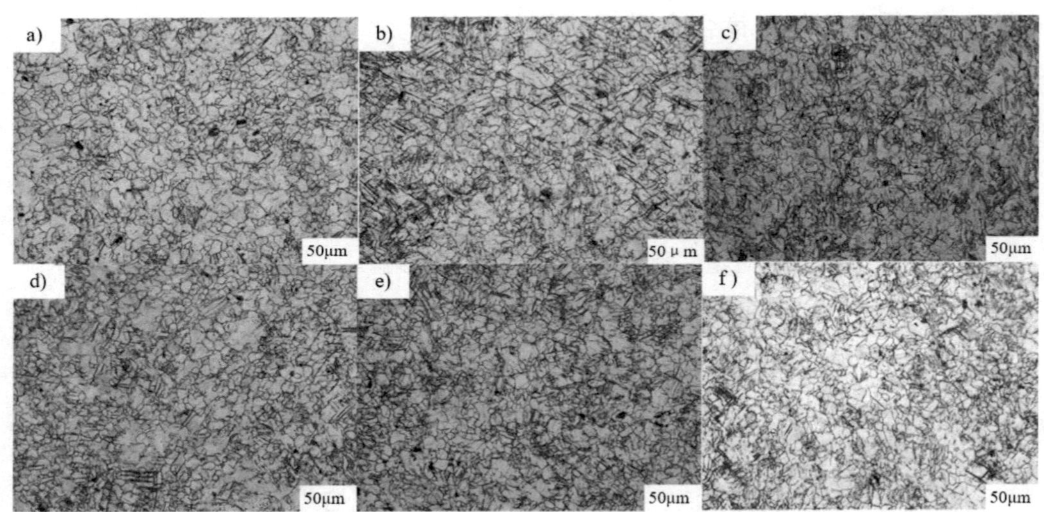

a）冷轧 15%　b）冷轧 25%　c）冷轧 35%　d）电轧 15%　e）电轧 25%　f）电轧 35%

图 8-36　不同压下量下轧后金相组织观察

用 X 射线衍射仪对不同工艺参数下轧后板材进行物相分析。将试样切成 10 mm×10 mm 的待测样品，处理方式与金相试样相同。测试时选用 Co 靶进行扫描，扫描速度为 2°/min，测试角度范围为 20°~80°。将测试得到的数据导入 Jade 软件中进行分析。图 8-37 为不同轧制工艺后板材 XRD 衍射图谱。

从图 8-37 不同轧制工艺后板材 XRD 衍射峰可以发现，不同轧制工艺下板材的主要成分为 Mg、$CaMg_2$、Mg_4Zn_7、Mn、Mn_6Si、$Al_{18}Mg_3Mn_2$ 及 Al_6Mn。

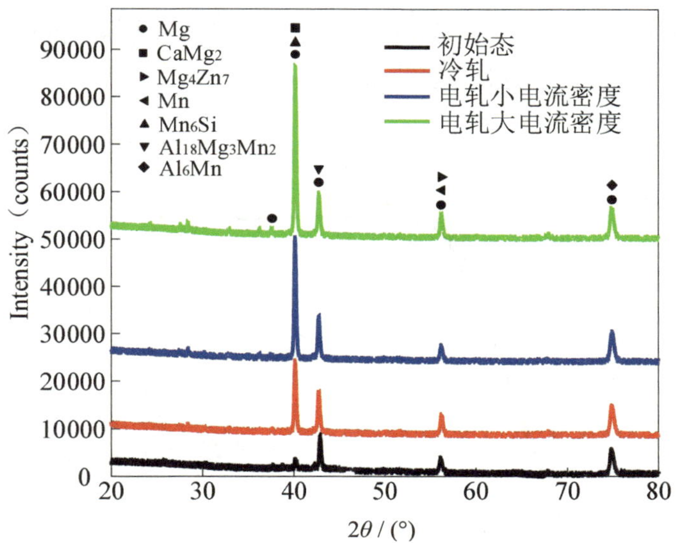

图 8-37　不同轧制工艺后板材 XRD 衍射峰

8.6.3　电塑性轧件力学性能测试

本节针对上文不同压下量下的冷轧、传统加电方式下的电塑性轧制实验以及本书所设计加电装置下的电塑性轧制后的 AZ31 镁合金板材进行了力学性能测试。本书测试的力学性能主要包括不同轧制条件下抗拉强度、屈服强度以及延伸率等。拉伸试件采用线切割进行加工，断裂后的试件如图 8-38 所示。图 8-39 展示了初始 AZ31 镁合金的初始应力-应变曲线。由图 8-39 可知，AZ31 镁合金板材的初始力学性能屈服强度为 220 MPa，抗拉强度为 270 MPa，延伸率为 7.9%。

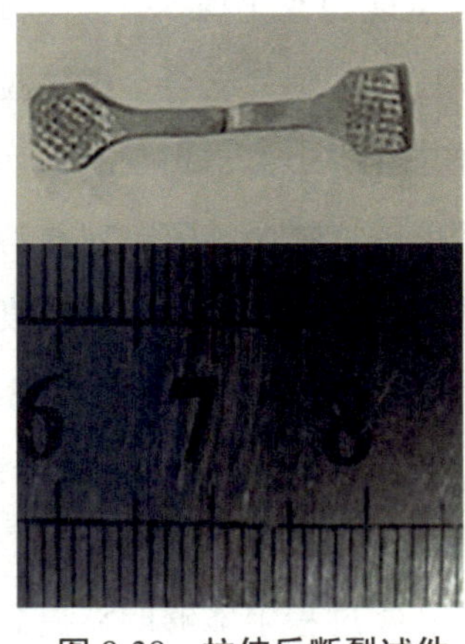

图 8-38　拉伸后断裂试件

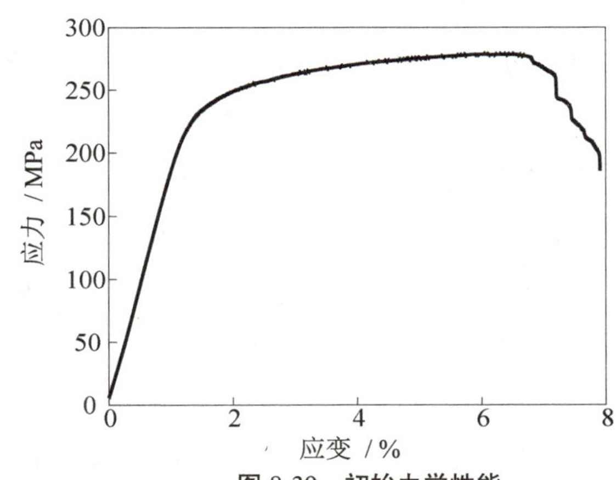

图 8-39　初始力学性能

不同压下量下冷轧 AZ31 镁合金板材应力-应变曲线测试结果如图 8-40 所示，相应的抗拉强度、屈服强度及延伸率如表 8-7 所示。

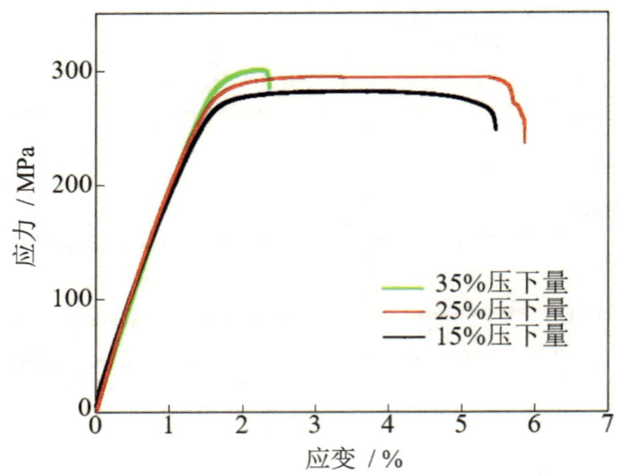

图 8-40　不同压下量下冷轧 AZ31 镁合金应力-应变曲线

表 8-7　不同压下量下冷轧 AZ31 镁合金应力-应变表

试样状态	屈服强度/MPa	抗拉强度/MPa	延伸率/%
15%压下量	259	281	5.8
25%压下量	271	293	5.2
35%压下量	288	302	2.3

由图 8-41 为 25%压下量下不同电流密度下轧后 AZ31 镁合金的应力-应变曲线，相应的抗拉强度、屈服强度及延伸率如表 8-8 所示。由图 8-41 对比可观察到在不同电流密度下轧后 AZ31 镁合金板材的抗拉强度和屈服强度所呈现的变化规律。当电流密度由 150 A/mm^2 上升至 340 A/mm^2 时，随着电流密度的增加，轧制后镁合金的抗拉及屈服强度有所提高。而随着轧制过程中电流密度进一步增加至 750 A/mm^2 时，轧后板材的抗拉强度和屈服强度反而下降。这是由于脉冲电流密度的增加会导致金属材料内部结构变化，使晶格结构变得更加松散，影响金属的强度和韧性。同时，电流密度增加也可能升高金属材料的温度，使晶格结构膨胀，导致抗拉强度降低。对比图 8-40 中同等压下量的冷轧，同等压下量下电轧后的 AZ31 镁合金板材的抗拉强度均有所降低，最多下降至 750 A/mm^2 时的 256 MPa。对于同等压下量下的电塑性轧制过程，高能脉冲电流输入可以有效减缓工件硬化速度，且在电塑性轧制过程中能够明显提高变

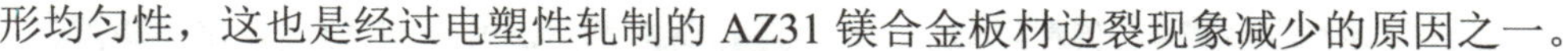
形均匀性，这也是经过电塑性轧制的 AZ31 镁合金板材边裂现象减少的原因之一。

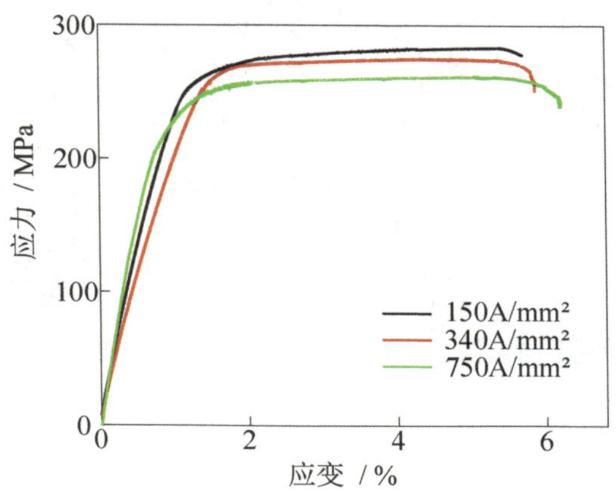

图 8-41　不同电流密度下轧后板材应力-应变曲线

表 8-8　不同电流密度下镁合金板材的力学性能参数

试样状态	屈服强度/MPa	抗拉强度/MPa	延伸率/%
420 A/mm^2	248	283	5.5
1000 A/mm^2	244	276	5.8
2300 A/mm^2	215	256	6.1

通过对材料拉伸断口进行电子显微镜扫描分析，得到 25%压下量、不同电流密度轧制后 AZ31 镁合金板材的拉伸断口形貌图，如图 8-42 所示。由图 8-42 a）、b）可以发现，在未通电及电流密度较低（150 A/mm^2）时的轧制工艺参数下，板材的拉伸端口形貌主要表现为河流状，存在大量的解离层且韧窝极少，是一种典型的脆韧性断裂。而随电流密度增加至 340 A/mm^2 时，拉伸断口处韧窝明显增加，且随着电流密度的进一步增加至 750 A/mm^2，韧窝数量及深度也进一步提高，且延伸率也最高。这表明轧后镁合金板材的塑韧性在高强脉冲电流的作用下得到一定改善。综上所述，通过增加电流密度可改善 AZ31 镁合金板材的力学性能。这主要得益于材料内部晶粒的细化及电流的直接作用对金属变形行为的影响。但需要注意的是，电流密度的选择要适当，过高的电流密度可能导致材料过热或损伤，反而会降低材料的力学性能。因此，在实际工程应用中需根据具体工艺条件和金属材料要求进行优化和控制。

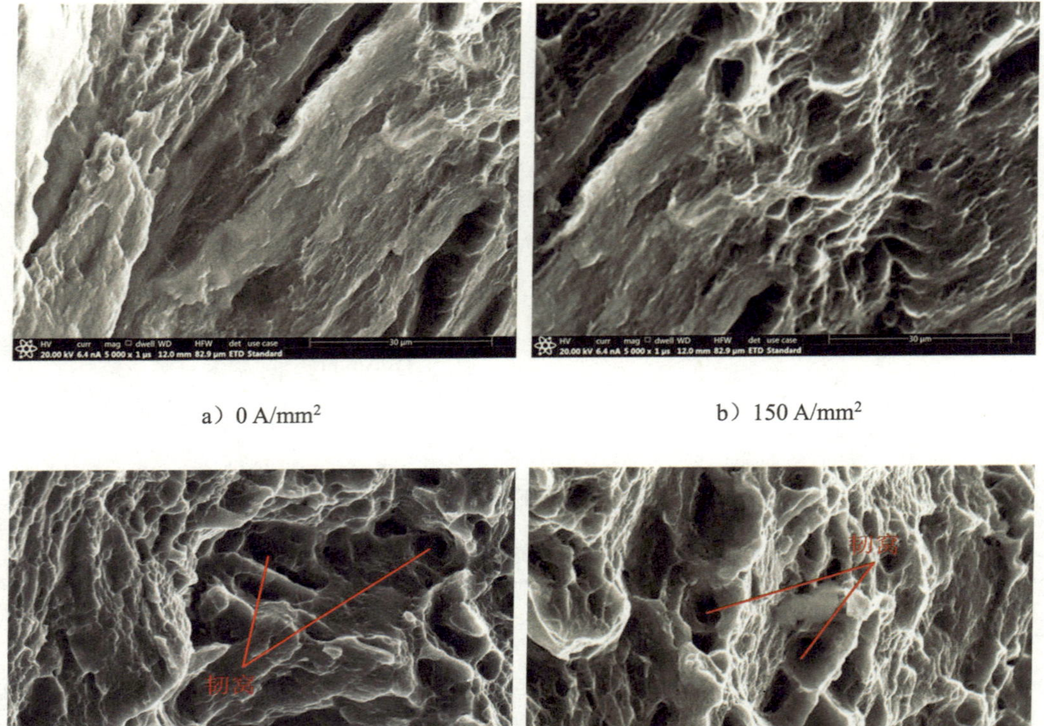

a）0 A/mm²　　b）150 A/mm²

c）340 A/mm²　　d）750 A/mm²

图 8-42　不同电流密度轧制后镁合金板材的拉伸断口形貌图

8.6.4　电塑性轧件表面硬度测试

本节对不同压下量及不同电流密度轧后的 AZ31 镁合金板材进行表面硬度测试，所使用实验机如图 8-43 所示。

如图 8-44 所示为冷轧 AZ31 镁合金板材在不同压下量下的显微硬度柱状图。由图 8-44 可以看出，随着压下量的不断增大，AZ31 镁合金板材的显微硬度不断上升，初始显微硬度为 65 HV，经 15%压下量轧制后的 AZ31 镁合金板材的显微硬度为 92 HV，当压下量进一步增加至 35%时，轧制后的镁合金板材显微硬度上升至 107 HV。这是由于板材在加工过程中“冷作硬化”现象。

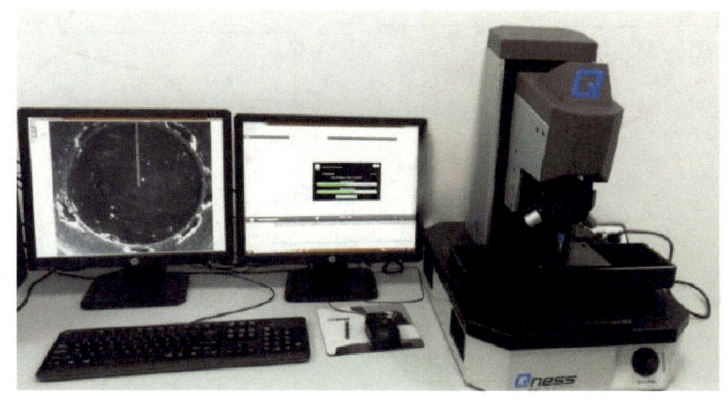

图 8-43　硬度实验机

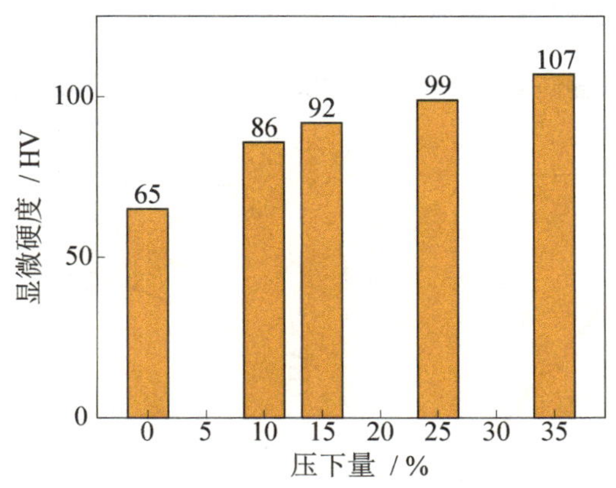

图 8-44　不同压下量下的板材显微硬度

图 8-45 为 15%压下量随板材峰值电流密度硬度变化曲线及不同截面 ND 方向硬度测试曲线，图 8-45 a）为硬度随板材峰值电流密度变化曲线，可以发现板材经不同峰值电流密度轧后变化曲线表现为抛物线形式，呈幂指函数形式，这与轧制力随峰值电流密度的表现基本一致。ND 截面方向的硬度测试曲线随峰值电流密度的不断增大波动不断减小。

图 8-46 为 25%压下量随峰值电流密度硬度变化曲线及不同截面 ND 方向硬度测试曲线，其平均硬度变化趋势同图 8-45 中 15%压下量时基本一致；且 ND 截面方向硬度测试曲线也随着峰值电流密度的增大，不同编号之间的变化波动随之减小，同图 8-45 中 15%压下量时所显示的规律类似。

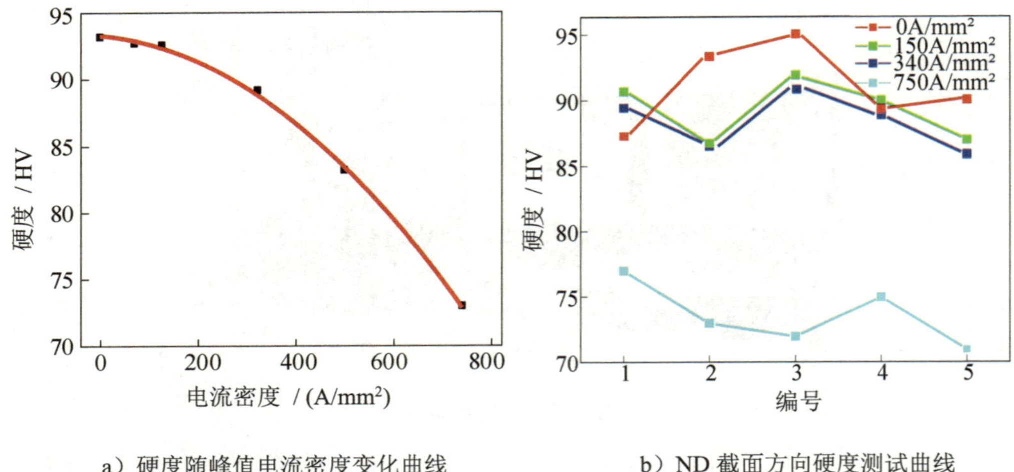

a）硬度随峰值电流密度变化曲线　　b）ND 截面方向硬度测试曲线

图 8-45　15%压下量随电流密度硬度变化曲线及不同截面 ND 方向硬度测试曲线

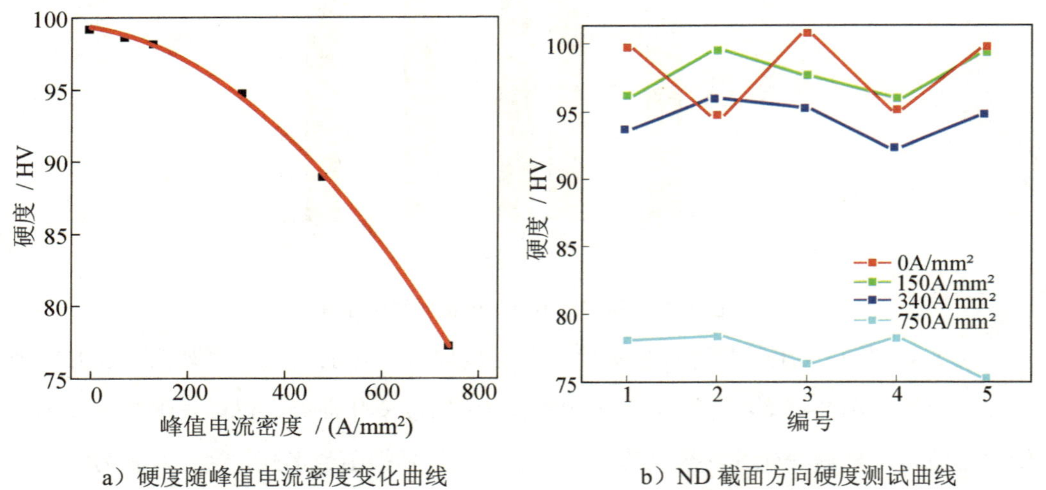

a）硬度随峰值电流密度变化曲线　　b）ND 截面方向硬度测试曲线

图 8-46　25%压下量随电流密度硬度变化曲线及不同截面 ND 方向硬度测试曲线

本节介绍一种电流施加装置，可在金属轧制成形过程中缩短电流回路，降低电路电阻，使轧件在相同功率和条件下承受更大电流密度，获得更显著的电塑性效应。此外，该装置还可适当加热轧辊，实现金属板带的温轧成形过程。

利用 ANSYS 有限元分析软件，模拟分析了电塑性轧制过程中板材的电流场和温度场，研究了电流强度、电极宽度、单道次压下率以及板材电阻率等参数对电流非均匀分布区长度和电流密度的影响规律。此外，还对轧制过程中板材的焦耳热和变形热引起的温升分布规律进行了研究，得出了电塑性轧制过程中板材表面温升分布情况。

以上分析结果为电塑性轧制加电装置的设计和加工工艺提供了重要依据。结合所设计的轧制加电装置及仿真研究确定轧制实验加电装置具体尺寸参数，搭建了电塑性轧制实验平台，首先研究了室温下不同压下量的电塑性轧制及冷轧对 AZ31 镁合金板材边裂及轧制力的影响，发现 AZ31 镁合金板材在同等压下量下电塑性轧制能够明显改善板材边部裂纹，提高其表面质量，且随着电流密度的增加愈加明显。

随之对不同工艺参数下轧后 AZ31 镁合金板材的力学性能及微观组织进行了研究，发现其在冷轧过程会出现加工硬化现象即抗拉强度及屈服强度等上升，而脉冲电流的引入会减轻加工硬化现象的出现，抗拉强度及屈服强度相较于冷轧有所下降。对不同电流密度轧后镁合金板材的拉伸断口分析发现，当电流密度较低或冷轧时，试样的拉伸断口多为解离层，河流状，为脆韧性断裂的表现，这表明冷轧或低电流密度轧后的板材塑性变形能力较差。而经大电流密度轧后板材的拉伸断口韧窝明显增加，这表明其塑性较好。对轧后板材显微硬度测试发现，其表面硬度随压下量的增大逐渐升高，在同一压下量下，板材显微硬度随电流密度增大而下降，成幂指函数形式。

第9章　金属电塑性成形过程的力学分析

通过研究电塑性效应机理，建立电塑性轧制成形的数学模型，利用理论求解方法对金属的电塑性轧制变形过程进行力学分析，为工程应用提供理论计算和模拟研究参考。金属成形数值模型中，流动应力模拟是重要参数之一。流动应力模型是金属加工设计与控制的基础，它表达了金属的流动应力与其他参数之间的关系。尽管针对镁合金的本构方程研究较多，但针对镁合金电塑性效应下的变形行为以及本构方程的建立的研究仍较少，因此建立镁合金电塑性效应下的流动应力模型，可为合理制定工艺参数提供理论依据。

对镁合金细丝通入大电流强度、低频率及窄脉宽的脉冲电流，实现纯电塑性效应作用下的电塑性拉伸过程，研究纯电塑性效应对镁合金丝材流动应力的影响，建立镁合金丝材在纯电塑性效应下的流动应力本构方程。通过解析法将电塑性拉伸的流动应力模型与电塑性轧制相结合，得到电塑性轧制过程在不同电流密度下的轧制力。

9.1　电塑性拉伸过程的力学分析

为了排除电塑性负效应对金属流动应力的影响，实验中向 AZ31 镁合金塑性变形区通入高电流密度和低电热的脉冲电流，探究纯电塑性效应作用下 AZ31 镁合金流动应力的数学模型。首先，向单向拉伸状态下的 AZ31 镁合金细丝通入频率 2 Hz、脉宽 30 μs、不同电流强度的脉冲电流，得出不同电流密度对 AZ31 镁合金流动应力的影响规律。其次，基于唯象和物理机制，建立纯电塑性拉伸条件下的本构方程，并采用回归拟合的方法对其进行修正，引入电流密度参数，得出纯电塑性效应中 AZ31 镁合金的流动应力本构方程。最后，通过拉伸实验对该流动应力模型的准确性进行了实验验证。

9.1.1　电塑性拉伸实验设备及材料

1. 实验装置

电流辅助拉伸实验系统如图 9-1 所示，主要由拉伸实验机、脉冲电源和 FastTest 软件计算机数据集成系统等组成。电塑性拉伸设备为 CMT4503 系列微机控制电子万能实验机，所采用的电源为 JX-HP 高功率脉冲电源。在实验过程中通过配备的 FastTest 软件处理系统自动对数据进行采集与计算。

通过操作拉伸机上下夹头手柄，可以夹紧绝缘夹具。将镁合金丝绕在铜螺栓相邻的螺纹上，连接铜螺栓端部至脉冲电源的正（负）极，确保镁合金丝与拉伸机之间绝缘，形成闭合回路。

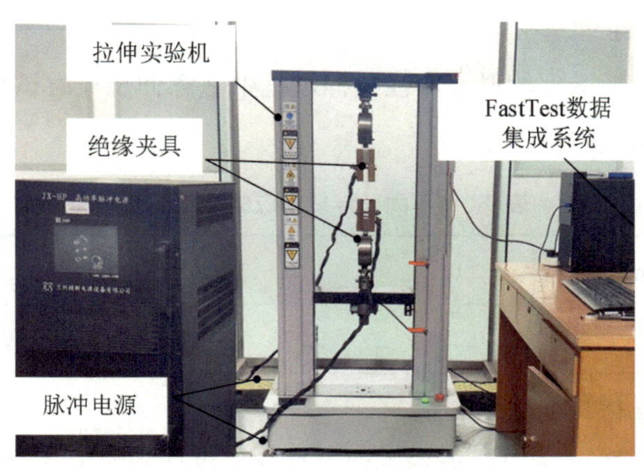

图 9-1　电流辅助拉伸实验系统

2. 实验材料

若想得到较为明显的电塑性效应，需要较高的电流密度，且尽可能排除电塑性副效应对 AZ31 镁合金丝材流动应力的影响。实验选取了直径 0.6 mm 的镁合金丝材作为实验用材。通过控制电流参数可以发现此直径下的丝材电塑性副效应的影响可以忽略不计，且得到较明显的纯电塑性效应。由于丝材的温度对于流动应力的影响也较为明显，为更准确地分析丝材温升对其拉伸过程中流动应力的影响，本书通过 ANSYS 模拟软件对实验过程中丝材温升进行模拟。AZ31 镁合金的化学成分，如表 9-1 所示。

表 9-1　AZ31 的化学成分（质量分数，%）

Al	Zn	Mn	Si	Ca	Mg
3.1	0.82	0.335	0.03	0.05	余量

（1）丝材横截面积计算

在镁合金丝材的电塑性拉伸过程中，电流强度与其横截面积的比值即为电流密度数值大小，通过此计算方法可得到相应电流强度下对应的电流密度。由于在实验过程中丝材的横截面积是随着拉伸过程不断变化的，因此，可以通过计算获得在一定伸长率下丝材的横截面积。在丝材受到3%和4.5%应变时，施加脉冲电流，此时丝材处于塑性变形阶段，在塑性变形过程中保持体积不可压缩条件，可得到丝材延伸量与横截面积的关系如式（9-1）所示：

$$S = 56.6/(200 + \Delta L) \tag{9-1}$$

式中　S ——丝材的横截面积（mm^2）；

ΔL ——丝材延伸量（mm）。

利用式（9-1）可得到丝材电塑性拉伸过程中任意伸长量时试样的横截面积值，二者的对应关系如表9-2所示。

表9-2　不同延伸量对应的横截面积

延伸量 ΔL /mm	0	5	10	15	20
横截面积 S/mm^2	0.283	0.276	0.269	0.263	0.257

（2）电流对丝材温度的影响

在电塑性拉伸实验过程中，丝材的温度变化不仅会影响电塑性效应的进行，同时也使得丝材的电阻率及比热容等参数发生改变。为了使电热在实验中的不利影响尽可能减小，通常会选择较小脉宽、低频率以及通入时间较短的脉冲电流来控制电热的产生。但由于丝材的细小尺寸使得温度变化测量变得困难，为了精确地分析电塑性拉伸过程中电热效应对于丝材温度的影响，本书通过ANSYS Workbench有限元软件的热-电耦合模块对其进行模拟分析。模拟得出自然对流换热条件下，AZ31镁合金丝材电塑性拉伸过程中的温升情况。

实验中，当丝材拉伸完全达到塑性变形区时，即当丝材应变的达到3%及4.5%时通入脉冲电流。两次通电时间点均处于丝材的塑性阶段，且两次通电有足够的时间间隔进行数据记录，并使丝材进行散热而避免过多的热积累对丝材流动应力的影响。利用式（9-1）计算对应应变程度下丝材的横截面积分别为0.274 mm^2及0.270 mm^2。

金属电阻的理论计算公式为

$$R = \rho_R L / S \tag{9-2}$$

式中　ρ_R ——电阻率（Ω·m）。

利用式（9-2）计算可得到AZ31镁合金丝材的电阻为0.071 Ω。对丝材进行电热模拟仿真，丝材的材料属性及几何尺寸如表9-3所示。实验设定镁合金丝材的初始温度为 20 ℃，丝材外表面与环境进行自然对流换热，脉冲电流密度为 400 A/mm²、频率为 2 Hz、脉冲宽度为 30 μs 时，丝材经过 5 个脉冲后，所产生的温升为 3.1 ℃。ANSYS 电热模拟结果如图 9-2 所示，对镁合金丝材进行了不同电流密度下的电热模拟，电热模拟结果如图 9-3 所示。

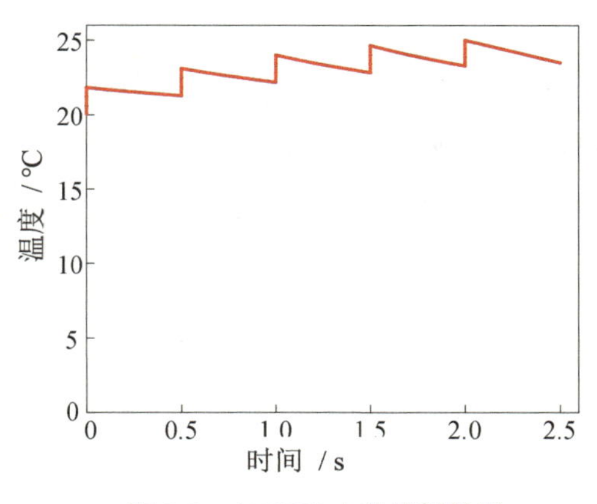

图 9-2　ANSYS 电热模拟结果

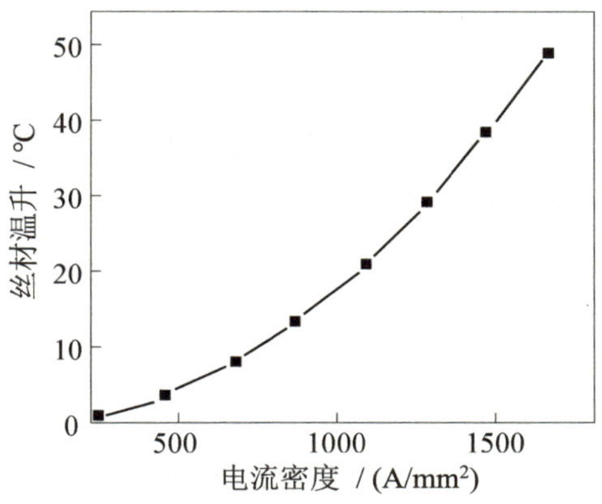

图 9-3　不同电流密度下试样温度升高量

表 9-3　丝材属性与几何尺寸

初始温度/℃	横截面积/mm²	长度/mm	密度/（kg/mm³）	电阻率/（Ω·mm）	比热/（J/kg·K）
20	0.259	209	1.74×10^{-6}	9.2e⁻⁵	1024

（3）实验方案

拉伸实验在室温下进行，通过计算机对拉伸速度进行调控，进行拉伸速度为 0.1~100 mm/min 的常规拉伸实验。当拉伸速度较低时，单个拉伸实验周期较长，拉伸速度较高时，施加脉冲电流的时间过短，不利于参数的检测。为更好地反映电塑性效应，实验设定初始拉伸速度为 1 mm/min，拉伸试样的初始横截面积为 0.283 mm²。在此条件下丝材总应变大概在 6.5%，实验于丝材在应变达到 3%及 4.5%时通入脉冲电流，得到丝材在脉冲电流作用下的应力应变曲线。

电塑性拉伸过程与普通拉伸过程的区别之处在于，电塑性拉伸涉及电流强度、脉冲宽度及频率等电参数的设置。当丝材的横截面积固定时，电流密度会随着电流强度的增加而增加，从而使得电塑性效应更加显著，且在电塑性拉伸过程中，应尽量使脉冲宽度降低。这是由于丝材的电热会在脉冲宽度较大时快速增加，从而对生产造成不利影响。而根据现有理论研究表明，脉冲宽度较低时对金属的纯电塑性效应并不明显。

因此可根据实际情况调整脉冲宽度，平衡电热和电塑性效应之间的关系，从而达到最佳的生产效果。

在实际的金属塑性变形过程中，变形过程中金属所产生的变形热常给生产带来极大困扰。在电塑性拉伸过程中，为使拉伸过程中有明显的纯电塑性效应效果，需尽可能降低脉冲频率。

结合上述讨论，实验最终采取的脉冲电流宽度为 30 μs，电流频率为 2 Hz，所选取的电流密度为 1000～2000 A/mm²，此电参数下有较明显的电塑性效应产生。

实验中由测量的工程应力、应变转换为真应力、真应变的公式为

$$\sigma_T = \sigma_N(1+\varepsilon_N) \tag{9-3}$$

$$\varepsilon_T = \ln(1+\varepsilon_N) \tag{9-4}$$

式中　σ_T ——真应力（MPa）；

　　　ε_N ——工程应力（MPa）：

应变速率与拉伸速度之间的转换公式为

$$\dot{\varepsilon} = \upsilon / 25 \tag{9-5}$$

式中　$\dot{\varepsilon}$ ——应变速率；

　　　υ ——横梁拉伸速度（mm/s）。

9.1.2　电塑性拉伸实验结果

图 9-4 为镁合金丝材不同实验条件下单拉伸流动应力-应变曲线，不同拉伸速度下丝材的流动应力-应变曲线如图 9-4 a）所示，不同温度下丝材的流动应力-应变曲线如图 9-4 b）所示，不同电流密度下丝材的流动应力-应变曲线如图 9-4 c）所示，不同应变程度下丝材的流动应力-电流密度曲线如图 9-5 d）所示。由图 9-4 可知，AZ31 镁合金丝材在弹性变形阶段时流动应力随应变增长而迅速增长，在变形进行至塑性阶段时，丝材流动应力的增长呈现稳态流动特征；但电流密度、温度及拉伸速度的改变均会引起丝材流动应力的变化。由图 9-4 a）可知，随着拉伸速率增加，丝材在塑性阶段时流动应力呈现上升趋势。由图 9-4 b）可知，丝材随着温度的上升，流动应力呈现明显的下降趋势。由图 9-4 c）可知，镁合金丝材变形进入塑性变形阶段后，施加脉冲电流后流动应力迅速下降，且随着电流密度的增加下降值也随之增大，呈抛物线形式。图 9-4 d）为不同应变程度下丝材随电流密度改变的应力值，当其他实验条

件一致时，丝材在同一电流密度、不同应变程度下所产生应力的下降值基本一致。

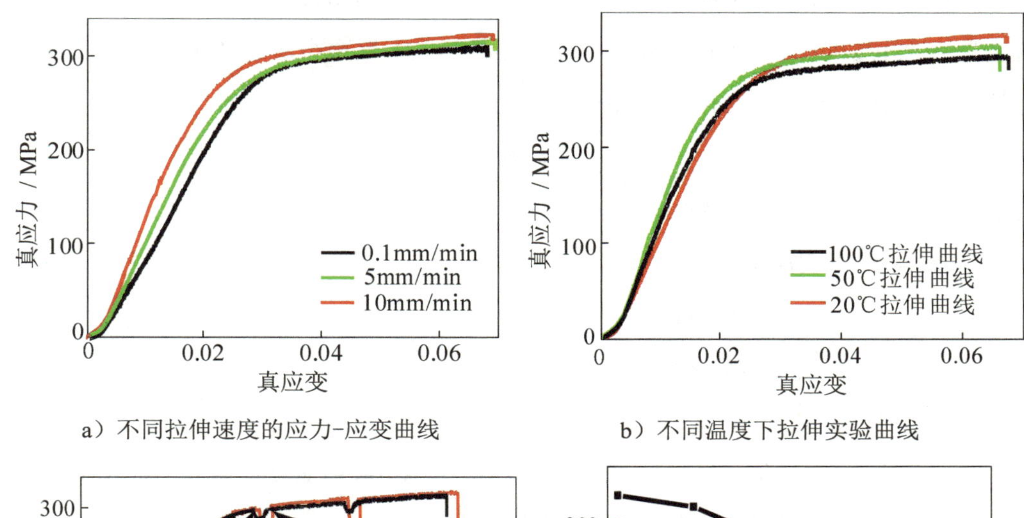

a）不同拉伸速度的应力-应变曲线

b）不同温度下拉伸实验曲线

c）不同电流密度的应力-应变曲线

d）不同应变程度下应力-电流密度曲线

图 9-4　AZ31 镁合金单轴拉伸实验曲线

单轴拉伸过程中，施加脉冲电流后，流动应力迅速下降的现象可通过位错行为来解释。镁合金丝材弹性阶段滑移所产生的动力主要来自丝材的拉拔力，在镁合金丝材进入塑性变形阶段前，镁合金丝材内部还没有出现位错增殖。而当丝材受到脉冲电流的作用时，脉冲电流使得金属内部位错产生跃迁，宏观表现为金属流动应力的下降[132]。

9.2　轧件流动应力数学模型

在金属流动应力研究过程中建立材料的本构模型十分重要，目前金属研究的本构模型有许多形式，但大部分是对于变形温度、变形速度、晶粒尺寸等因素研究较多，对于脉冲电流的电参数与应力-应变曲线的函数关系仍不够完善。而本书从 AZ31 镁合金丝材的电塑性拉伸实验的应力-应变曲线入手，建立电塑性本构模型，此模型是基于 Fields-Backofen 模型流动应力模型，考虑 1000～2000 A/mm^2 的极大电流密度，应变速率在 $1/3000\sim1/150\ \text{s}^{-1}$ 等条件作用下的 AZ31 镁合金丝材的流动应力曲线进行拟合，其中基础的 Fields-Backofen 模型如式（9-6）所示：

$$\sigma = K\varepsilon^{n}\dot{\varepsilon}^{m} \tag{9-6}$$

式中　σ ——流动应力（MPa）；

ε ——真实应变（%）；

n ——应变硬化指数：

m ——应变速率敏感系数；

K ——强度系数。

在此基础上，考虑应变速率、电流密度以及电流密度所引起的温度对流动应力的影响，因此可将 Fields-Backofen 流动应力模型修正为

$$\sigma = K\varepsilon^{n}\dot{\varepsilon}^{m}T^{f}\exp(C_1 + C_2 J) \tag{9-7}$$

式中　$\dot{\varepsilon}$ ——应变速率；

J ——电流密度（A/mm^2）；

C ——电流系数；

T ——温度（℃）；

f ——温度系数。

如图 9-4 所示，流动应力受到电流密度以及拉伸速度的影响。公式中的参数可以通过实验得出。由式（9-7）可推出下式：

$$\ln\sigma = \ln K + n\ln\varepsilon + m\ln\dot{\varepsilon} + f\ln T + C_1 J + C_2 J^2 \tag{9-8}$$

9.2.1　对各参数进行求解

当同一组实验，即当温度、电流密度确定时，将 $\ln K + n\ln\varepsilon + f\ln T + C_1 J + C_2 J^2$ 作为常量 K_1，即可将式（9-8）简化为

$$\ln\sigma = m\ln\dot{\varepsilon} + K_1 \tag{9-9}$$

即 $m = d\ln\sigma / d\ln\dot{\varepsilon}$，其 $\ln\sigma - \ln\dot{\varepsilon}$ 拟合曲线如图 9-5 所示，求得 m 取值在 0.00374～0.00998，取其平均值 m=0.00799。

当应变速率、电流密度、温度确定，对 n 进行计算时，为减少电热效应对于拉伸

过程的应力的影响，所拟合曲线均为 J=0。将 $\ln K + m\ln\dot{\varepsilon} + f\ln T + C_1J + C_2J^2$ 作为常量 K_2，即可将式（9-8）简化为：

$$\ln\sigma = n\ln\varepsilon + K_2 \tag{9-10}$$

即 $n = d\ln\sigma / d\ln\varepsilon$，其 $\ln\sigma - \ln\varepsilon$ 拟合曲线如图 9-6 所示，$\ln\varepsilon$ 在−3.3 后趋于平缓，求得 n 的取值在 0.0575～0.1715 之间波动，取其平均值 n=0.1145。

当应变速率及温度等条件确定，对 C 进行求解时，$\ln K + n\ln\varepsilon + m\ln\dot{\varepsilon} + f\ln T$ 作为常量 K_3，即可将式（9-8）简化为

$$\ln\sigma = K_3 + C_1J + C_2J^2 \tag{9-11}$$

如图 9-7 所示，$\ln\sigma - J$ 的拟合曲线如下，根据式（9-8）对 $\ln\sigma - J$ 进行多项式拟合，求得式（9-11）中参数取平均值求得 $C_1=2.0961\times10^{-5}$，$C_2=-1.6661\times10^{-8}$。

当应变速率及电流密度实验条件确定，对 f 进行求解时，$\ln K + n\ln\varepsilon + m\ln\dot{\varepsilon}$ 作为常量 K_4，即将式（9-8）简化为

$$\ln\sigma = K_4 + f\ln T \tag{9-12}$$

即 $f = d\ln\sigma / d\ln T$，其 $\ln\sigma - \ln T$ 的曲线如图 9-8 所示，通过拟合曲线可求得式（9-12）中斜率的数值于−0.01904～−0.04098 波动，即取 f 的平均值为−0.0335。

对 n、m、C、f 进行求解后，根据不同条件下丝材的应力-应变曲线图，对 K 值进行求解计算。将 n、m、C、f 代入式（9-8）中可求得电流系数 K 值，取其平均值得到电流系数 K 为 486.52。得到修正后 AZ31 镁合金丝材的流动应力模型如式（9-13）所示：

$$\sigma = 486.52\varepsilon^{0.1145}\dot{\varepsilon}^{0.00799}T^{-0.0335}\exp(2.0961E-5J - 1.6661E\text{-}8J^2) \tag{9-13}$$

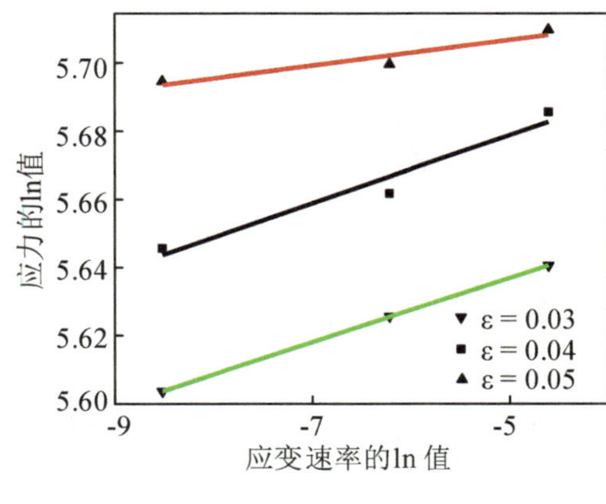

图 9-5　$\ln\sigma - \ln\dot{\varepsilon}$ 曲线

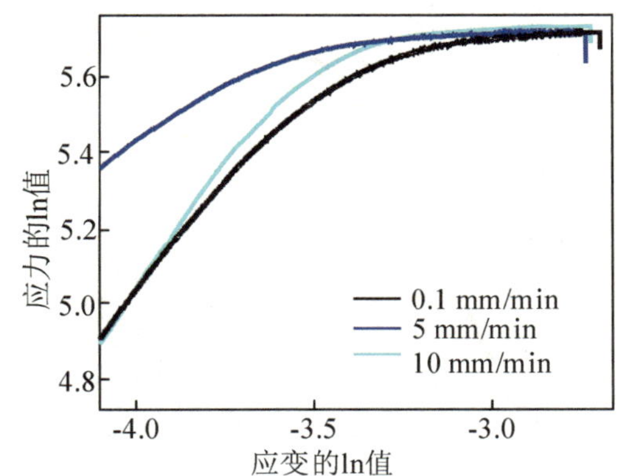

图 9-6　$\ln\sigma - \ln\varepsilon$ 拟合曲线

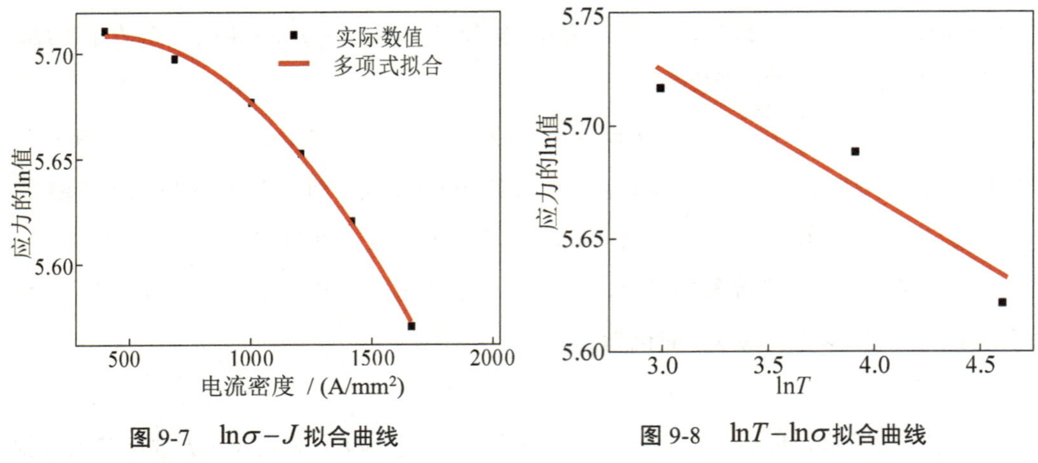

图 9-7 $\ln\sigma - J$ 拟合曲线

图 9-8 $\ln T - \ln\sigma$ 拟合曲线

9.2.2 计算结果及对比验证

在进行 AZ31 镁合金丝材的室温拉伸实验时，不考虑 $\varepsilon < 0.02$ 的低应变范围，并且在进行镁合金丝材的拉伸过程并未发现缩颈后的高应变范围，同样不对其进行分析。如图 9-9 所示，为不同实验条件下实验曲线与流动应力模型所求得的计算曲线对比图。图 9-9 a）为不同拉伸速度实验曲线与计算曲线，图 9-9 b）为不同温度下实验曲线与计算曲线对比图；图 9-9 c）为不同电流密度下实验曲线与计算曲线对比图，图 9-9 d）为对应电流密度下丝材应力值计算值及实际值对比图。分析得出，式（5-15）在电流密度为 1 000~2 000 A/mm²、应变速率在 1/3 000～1/150 s^{-1}、温度 20～100 ℃的范围能够较好地反映 AZ31 镁合金丝材在极大电流密度下的电塑性流动应力影响规律。

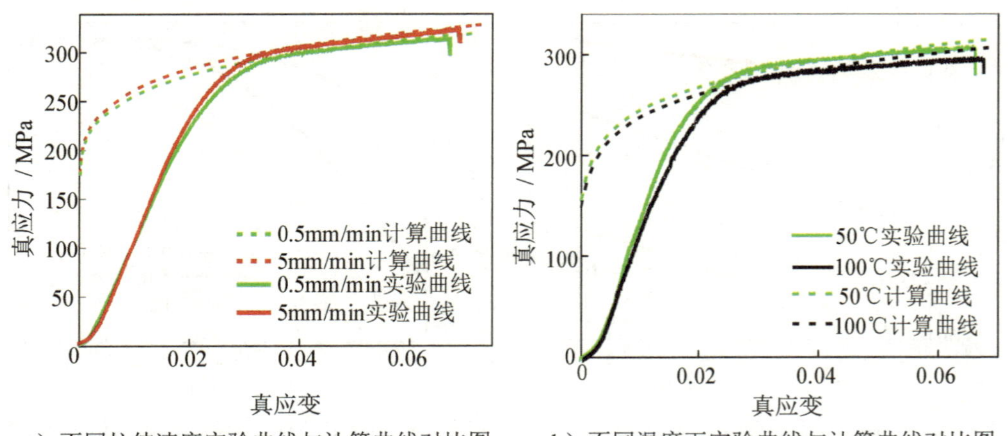

a）不同拉伸速度实验曲线与计算曲线对比图　b）不同温度下实验曲线与计算曲线对比图

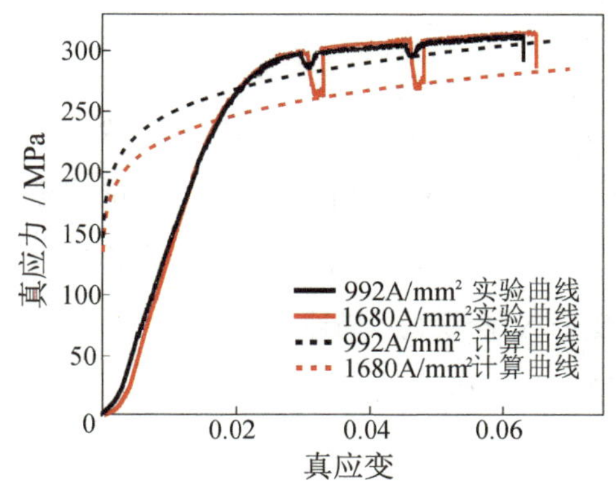

c）不同电流密度下实验曲线与计算曲线对比图

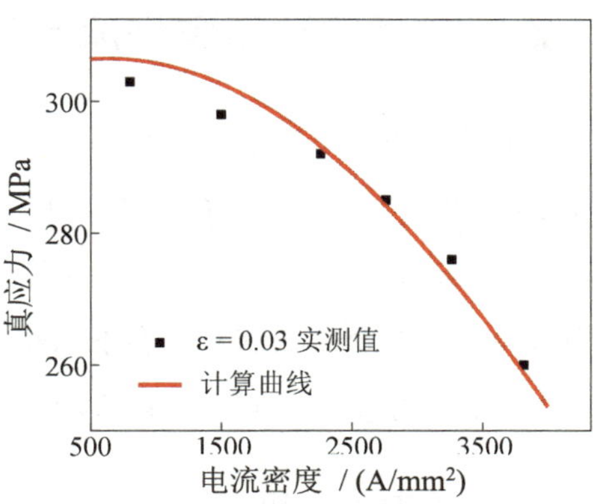

d）对应电流密度下丝材应力值计算值及实际数值对比图

图 9-9　不同实验条件下的实验曲线与计算曲线

通过计算相关系数和平均相对误差，对实验值和计算值进行误差分析，以验证所建立本构方程的准确性。经过验证，该本构方程可较为准确地描述 AZ31 镁合金丝材在电塑性拉伸过程中的流动应力随温度及电流密度的变化关系。相关数值可通过以下公式（9-14）及（9-15）进行计算：

$$R = \frac{\sum_{i=1}^{n}(x_i - \bar{x})(s_i - \bar{s})}{\sqrt{\sum_{i=1}^{n}(x_i - \bar{x})^2 \sum_{i=1}^{n}(s_i - \bar{s})^2}} \tag{9-14}$$

$$R_E = \frac{1}{n}\sum_{i=1}^{n}\left|\frac{x_i - s_i}{x_i}\right| \tag{9-15}$$

式中　x_i ——实验值；

s_i ——计算值；

$\bar{x}$ ——实验平均值；

$\bar{s}$ ——计算数值的平均值；

n ——数据个数。

将不同实验条件下得到的实验值和计算值代入式（9-14）和式（9-15），得到实验值和计算值的拟合平均相对误差为 7.47%，说明所建立的本构方程准确性较好。

9.3 金属板带的轧制塑性成形过程

金属的流动应力取决于位错在移动时遇到的不同阻力，这些阻力受到应变、应变速率和温度的影响，即$\sigma = f(\varepsilon,\dot{\varepsilon},T)$。将一般的电塑性变形过程结合上一节的电塑性拉伸过程，将前文所求得的镁合金丝材电塑性拉伸的流动应力表达式进一步推广至一般应力状态，建立金属在这种状态下的塑性变形数学模型，描述各种塑性成形过程，并通过求解数学模型、平衡和几何方程来描绘三维塑性成形。

9.3.1 轧制过程中的平面变形抗力计算

在板带轧制的过程中，轧制力的预测精度是受到金属平面变形抗力模型准确性的影响。目前，国内外学者对于镁合金轧制力及变形机理方面已经进行了大量的研究工作，但关于其建模方法仍没有统一定论，且不同研究者给出的理论结果存在较大差异。因此，精确地构建镁合金平面变形抗力的数学模型变得尤为关键，因为镁合金的成分、轧制的温度、压下率以及轧制的速度都会对轧制变形过程产生影响，所以在分析时需要考虑不同条件下的轧制压力和应变速率等因素对镁合金轧制变形抗力的作用。因此，精确地确定轧制的参数，并了解温度、应变量和变形速度之间的相互关系，将有助于更准确地计算镁合金板带在轧制过程中的变形抗力。

1. 轧制温度的计算

随着镁合金的轧制温度上升，轧制过程中的平面变形抵抗能力显著下降，这进一步增强了镁合金材料的塑性变形特性。同时，由于晶粒细化和位错密度增加，使晶界上出现大量空位并形成空洞，这些缺陷对镁合金的塑性有较大影响。随着温度逐渐上升，镁合金内部新形成的滑移机制得到了激活，这进一步提升了其变形的能力。此外，随着轧制过程中温度的逐渐上升，原子之间的结合力逐渐减弱，这最终会导致金属的变形阻力有所降低。在轧制镁合金轧件的过程中，会受到多种因素的影响，这些因素包括热辐射ΔT_r、热对流ΔT_c以及热传导。另外，轧件与轧辊之间的摩擦ΔT_f、塑性形变以及电热ΔT_g都可能导致镁合金板的温度上升，从而对轧制过程产生影响。因此，在进行镁合金板带的轧制过程中，必须严格控制温度，并准确地计算出实际的轧制温度，以确保对变形抗力预测的准确性。在综合考量温度上升和下降的条件下，AZ31镁板轧制工作区的轧制件的绝对温度：

$$T = T_0 + \Delta T_f + \Delta T_g - \Delta T_r - \Delta T_c - \Delta T_g \tag{9-16}$$

2. 轧制应变速率的计算

在进行电塑性轧制变形的过程中，如果轧制速度和压下率较高，就会阻碍回弹和再结晶过程，从而导致材料的变形抗力增加。瓦萨托夫斯基根据轧制速度和压下率推导出了计算轧制应变速率的公式，该公式可以应用于计算镁合金板带在轧制变形过程中的轧制应变速率：

$$\dot{\varepsilon}=\frac{N\pi}{30}\sqrt{\frac{R}{h}}\sqrt{\varepsilon} \tag{9-17}$$

式中　ε——应变，即压下量（%）；

N——轧辊转速（r/min）；

R——轧辊半径（mm）；

h——轧件轧后厚度（mm）。

根据上述方程，轧制应变速率随着轧制压下率和轧辊转速的增加而增加。轧辊转速和轧制压下率对轧制应变速率的影响最为显著。一旦确定了最佳的轧制应变速率，就可以反推出最佳的轧制速度和压下率，这对于制定最佳的轧制工艺至关重要。

3. 轧制变形程度的计算

在轧制工艺规范中，轧制压下率是评估轧制变形程度的核心参数，该参数是轧制工艺规范中的关键指标。轧制过程中的变形程度可以通过特定的数学公式来估算：

$$\varepsilon=\frac{H-h}{H} \tag{9-18}$$

式中　h——轧件轧后厚度（mm）；

H——轧件轧前厚度（mm）。

依据所构建的 AZ31B 镁合金的变形抗力数学模型，可将与轧制工艺参数有关的各种变形参数方程代入其中，从而推导出 AZ31B 镁合金轧制变形抗力的数学模型：

$$\begin{cases}\sigma=486.52\varepsilon^{0.114\,5}\dot{\varepsilon}^{0.007\,99}T^{-0.033\,5}\exp(2.096\,1E-5J-1.666\,1E-8J^{2})\\ T=T_0+\Delta T_f+\Delta T_g-\Delta T_r-\Delta T_c-\Delta T_g\\ \dot{\varepsilon}=\dfrac{N\pi}{30}\sqrt{\dfrac{R}{h}}\sqrt{\varepsilon}\\ \varepsilon=\dfrac{H-h}{H}\end{cases} \tag{9-19}$$

通过建立数学模型，可以准确预测 AZ31B 镁合金在轧制过程中的变形抗力，并据此调整轧制工艺参数。

9.3.2 平均单位压力的计算

单位压力的准确计算对于轧制力的准确性至关重要，目前存在多种计算公式可供选择，其中优选的采利柯夫、西姆斯和爱克伦得等公式在实际验证中表现出较高的精确性。鉴于热轧和电塑性轧制的特点，采利柯夫平均单位压力计算公式尤其适用于镁合金板带轧制过程中的单位压力计算。

采利柯夫提出的平均单位压力计算公式为

$$P = n_\sigma \cdot \sigma_\varphi \tag{9-20}$$

式中 P——轧制过程实际变形抗力（MPa）；

n_σ——应力状态系数。

其计算方法如下：

$$n_\sigma = n_\beta \cdot n_\sigma' \cdot n_\sigma'' \cdot n_\sigma''' \tag{9-21}$$

式中 n_β——考虑轧件宽度影响的应力状态系数.

在平板轧制过程中，n_β 的值可以设置为 1.15。在轧制的过程当中，外部摩擦的影响系数是由轧件与轧辊间的摩擦种类所决定的。由于不同的学者对摩擦种类有不同的理解，这导致出现了各种不同的平均单位压力的计算公式。采利柯夫的观点是，在轧制的过程中，轧辊与轧件之间会产生全滑动摩擦，因此他提出了在全滑动摩擦条件下的平均单位压力的计算方法。外摩擦影响系数的计算方法为

$$n_\sigma' = \frac{2h_\gamma}{\Delta h(\delta - 1)}\left[\left(\frac{h_\gamma}{h}\right)^\delta - 1\right] \tag{9-22}$$

n_σ'' 外端影响系数受外端对应力状态系数影响复杂，外端影响系数在变形区长度尺寸关系 $l/h>1$ 时较小，即在薄板带轧制情况下可设为 1。

在轧制过程中，张力影响系数 n_σ''' 主要反映了轧制件前后张力对平均单位压力的影响。研究表明，前后张力作用可降低平均单位压力，降低量大于平均张力，后张力对平均单位压力的降低贡献更显著。减小张力会导致单位压力减小，主要原因是受到轧制过程中的应力状态系数和减小轧辊的弹性压扁的影响。由于张力的双重影响，通常其无法单独计算，实际应用时通常简化处理，将张力的影响纳入平面变形抗力中。

可通过以下经验公式计算减小的平面变形抗力值：

$$K' = \frac{(K - q_0) + (k - q_1)}{2} \tag{9-23}$$

式中　q_0——单位前张力；

q_1——单位后张力。

9.3.3　轧制力的数值计算

在镁合金板的轧制过程中，轧制力较小，压扁量也较小。计算变形区长度时，不考虑压扁量对接触区长度的影响。针对普通的对称轧制，可以推导出计算接触弧长度的几何关系公式：

$$L = \sqrt{R\Delta h - \frac{\Delta h^2}{4}} \tag{9-24}$$

式中　R——轧辊半径（mm）；

Δh——压下量（mm）。

金属轧制为一连续过程，且轧辊对板材所受压力并不均匀，导致整个轧制区域轧制力难以计算。通常用平均单位压力与变形区接触面积相乘来计算，计算公式为

$$F = P \cdot \overline{B} \cdot L \tag{9-25}$$

式中　F——轧制力（N）；

P——平均单位压力（MPa）；

B——轧制变形区轧件平均宽度（mm），$\overline{B} = (B + b)/2$；

L——接触弧长度（mm）。

确定平均单位压力、变形区轧件宽度和接触弧长度后，即可建立 AZ31 镁合金的轧制力数学模型。

9.4　实验结果与理论计算结果的对比分析

图 9-10 展示了在不同电流密度下 AZ31 镁合金板材轧制力的实验测量曲线和理论计算曲线。

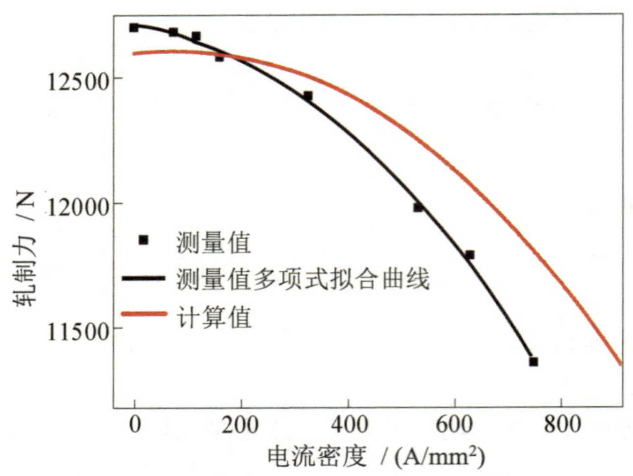

图 9-10　轧制力与电流密度的关系

实验数据和计算曲线均显示出抛物线下降的趋势，与 AZ31 镁合金丝材中所导致的电塑性效应引起的流动应力降低的理论分析结果一致，但存在一定程度的偏离，且未观察到纯电塑性效应导致金属流动应力最大降低值的现象。由图 9-10 可以观察到，当电流密度较小时，实验测量值大于计算值，而随着电流密度的增大，轧制力的实测值通常低于计算值，这可能是由于电塑性轧制过程中脉冲电流的引入导致金属板材与轧辊之间的动摩擦系数显著降低以及板材轧制过程中电热等因素影响，从而导致轧制力的进一步下降。将脉冲电流引入板材轧制过程中，轧制力的减小与多种因素有关，这些因素对金属的塑性变形过程影响的研究还不够充分，主要停留在理论解释和分析阶段，缺乏准确的理论计算方法，仍需要更多的研究以进一步对其进行解释。

本章基于 Fields-Backofen 方程，根据 AZ31 镁合金丝材在不同拉伸条件下的实验数据，建立了该合金在电塑性变形过程中的流动应力本构方程。经过实验验证和误差分析，该模型可在电流密度为 1000～2000 A/mm^2、温度为 20～100 ℃以及应变速率在 1/3000～1/150 s^{-1} 的范围内，准确预测镁合金丝材的流动应力。

在数学模型建立阶段，进行了热拉伸对照实验，通过热拉伸实验获得了镁合金丝材在不同温度下的流变应力降值数据，并通过与电塑性拉伸实验对比分析，排除了温度对流变应力的影响，得出了镁合金丝材在不同电流密度作用下，由纯电塑性效应引起的流变应力降值。结合电塑性拉伸过程的理论公式，将电流对金属流动应力的影响引入轧制力的理论计算过程，得出了纯电塑性效应和热效应作用下的板材的轧制力，通过将理论数据与实验数据进行比较，观察到计算值和测量值的下降趋势是一致的，但两者之间依然存在明显的偏差。板材轧制力的减少是由多个因素共同影响的结果，包括电塑性效应、焦耳热效应、脉冲振动冲击以及电流对金属表面功函数和自生热电势的影响。此外还分析了金属塑性变形时温度变化情况以及材料变形抗力与摩擦因数等参数之间的关系。只有全面考量这些变量对电塑性轧制过程的作用，才能够更为精确地估算在电流密度影响下的轧制力。

参考文献

[1] Troitskii O A, Likhtman V I. The Anisotropy of the Action of Electron and Radiation on the Deformation of Zine Single Crystal in the Brittle State[J]. Akad. Nauk. SSSR, 1963 (148): 332-334.

[2] Guan Lei, Tang Guoyi, Chu P K. Recent Advances and Challenges in Electroplastic Manufacturing Processing of Metals[J]. Journal of Materials Research, 2010, 25(7): 1215-1224.

[3] 郑明新，张人佶，朱永华，等. 电塑性效应及其应用[J]. 中国机械工程，1997，8（5）：91-94.

[4] 彭书华，杨俊杰，李尧. 电致塑性效应机制研究及其进展[J]. 江汉大学学报，2013，141（2）：61-65.

[5] Salandro W A, Bunget C J, Mears L. A Thermal-based Approach for Determining Electroplastic Characteristics[J]. Proceedings of the Institution of Mechanical Engineers, Part B: Journal of Engineering Manufacture, 2012, 226(5): 775-788.

[6] Bunget C J, Salandro W A, Mears L. Thermomechanical Modeling Sensitivity Analysis of Electrically Assisted Forming[J]. Proceedings of the Institution of Mechanical Engineers, Part B: Journal of Engineering Manufacture, 2013, 227(8): 1089-1098.

[7] Salandro W A, Bunget C J, Mears L. Electroplastic Modeling of Bending Stainless Steel Sheet Metal Using Energy Methods[J]. Journal of Manufacturing Science and Engineering, 2011, 133(4): 2011.

[8] Magargee J M, Fabrice C J. Characterization of Flow Stress for Commercially Pure Titanium Subjected to Electrically Assisted Deformation[J]. Journal of Engineering Materials and Technology, 2013, 135(4):266-270.

[9] Troitskii O A. Electroplastic Effect in a Metal Single Crystal Deformed in an Electron Beamx[J]. Fiz Tverd Tela, 1971, 13(1): 185-188.

[10] Klimov K M, Shnyrev G D, Novikov I I. Electroplasticity of Meatls[J]. Kokl. Akad.

Nauk,1974, (219): 323-329.

[11] Troitskii O A, Rozno A G. Electroplastic effects in Metals[J]. Fiz. Tverd.Tela, 1970 (12): 161-165

[12] Troitskii O A. Effect of the Electron State of a Metal on Its Mechanical Properties and the Phenomenon of Electroplasticity[J]. Problemy Prochnosti, 1977 (9): 38-46.

[13] Troitskii O A, Moiseenko M M. Electroplastic Deformation of Zinc, Cadmium, and Lead Crystals[J]. Russian Metallurgy, 1987, 23(11): 159-161.

[14] Salandro W A, Bunget C J, Mears L. Several Factors Affecting the Electroplastic Effect During an Electrically-assisted Forming Process[J]. Journal of Manufacturing Science and Engineering, 2011, 133(6): 186-191.

[15] Potapova A A, Stolyarov V V.. Structural Changes in Electroplastic Rolling and Annealing of TiNi Alloy Rod[J]. Steel in Translation, 2010, 40(10): 888-891.

[16] Ugurchiev U K, Stolyarov V V. Deformability and Microhardness of Large-grain Titanium Alloys in Rolling with Pulsed Current[J]. Journal of Machinery Manufacture and Reliability, 2012, 41(5): 404-406.

[17] Stolyarov V V. Deformation and Structure of a Shape Memory Titanium Alloy during Electroplastic Processing[J]. Russian Metallurgy, 2010, 4: 306-309.

[18] Troitskii O A, Stashenko V I. Stress Relaxation Investigation of the Electroplastic Deformation of a Metal[J]. Fiz. Met. Metalloved, 1979 (253): 180-185.

[19] Spitsyn V I, Troitskii O A, Glazunzov P Y. Electroplastic Deformation of Metal before Brittle Fracture[J]. Dokl. Akda. Nauk, 1971 (199): 810-816.

[20] Fu Yuming, Zhou Hongmei, Wang Junli. Analysis of Crack Arrest by Electromagnetic Heating in Metal with Oblique-elliptical Embedding Crack[J]. Key Engineering Materials, 2012 (525): 405-408.

[21] 付宇明，王俊丽，郑丽娟,等. 含有裂纹的 Al-Mg 合金构件电磁热止裂[J]. 中国有色金属学报, 2013, 23(1): 29-34.

[22] Gao Zhiwen, Zhou Youhe; Li Kangyong. Crack-inclusion Problem for a Long Rectangular Slab of Superconductor under an Electromagnetic Force[J]. Computational Materials Science, 2010, 50(2): 279-282.

[23] Conrad H. Electroplasticity in metals and ceramics[J]. Materials Science and Engineering A, 2000, 287(2): 276-287

[24] Yang D, Conrad H. Grain Size Dependence of Electroplastic Effect in NaCl[J]. British Ceramic Transactions, 1998, 97(6): 263-2672.

[25] Okazaki K, Kagawa M, Conrad H. Study of the Electroplastic Effect in Metals[J]. Scripta Metall, 1978, 12(11): 1063-1038.

[26] Okazaki K, Kagawa M, Conrad H. Elecroplastic Effect in Titanium[J]. Metall Soc. of Aime, 1980, 1: 177-280.

[27] Okazaki K, Kagawa M, Conrad H. Additional Results on the Electroplastic Effect in Metals[J]. Scripta Metallurgica, 1979, 13(4): 277-280.

[28] Okazaki K, Kagawa M, Conrad H. An Evaluation of the Contribution of Skin, Pinch and Heating Effects to the electroplastic Effect in Titanium[J]. Materials Science and Engineering A, 1980, 45(2): 109-116.

[29] Sprecher A F, Mannan S L, Conrad H. On the Temperature Rise Associated with the Electroplastic Effect in Titauium[J]. Scripta Metallurgica, 1983, 17(6): 769-772.

[30] Cao W D, Sprecher A F, Conrad H. Measurement of the Electroplastic Effect in Nb[J]. Journal of Physics E: Scientific Instruments, 1989, 22(12): 1026-1034.

[31] Conrad H, Sprecher A F. Electroplasticity — The Effect of Electricity on the Mechanical Properties of Metals[J]. The Journal of the Minerals, Metals & Materials Society, 1990 (9): 28-33.

[32] Cao W D, Sprecher A F, Conrad H. Effect of Strain Rate on the Elecroplastic Effect in Nb[J]. Scripta Metallurgica, 1989, 23(1): 151-155.

[33] Sprecher A F, Mannan S L, Conrad H. On the Mechanisms for the Electroplastic Effect in Metals[J]. Acta Metall, 1986 (34): 1145-1162.

[34] Li S C, Conrad H. Electric Field Strengthening during Superplastic Creep of Zn-5 Wt% Al: a Negative Electroplastic Effect[J]. Scripta Materialia, 1998, 39(7): 847-851.

[35] Barnak J P, Spreher A F, Conrad H. Colony size reduction in eutectic Pb-Sn castings by electropulsing[J]. Scripta Metall, 1995, 32: 879-884.

[36] Cao W D, Conrad H. Effects of Stacking Fault Energy and Temperature on the

Elecroplastic Effect in FCC Metals[J]. Process Micromech Advance Mater, 1995: 225-236.

[37] Silveira V L A, Porto M F S, Mannheimer W A. Electroplastic Effect in Copper Subjected to Low Density Electric Current[J]. Scripta Metallurgica, 1981, 15(8): 945-950.

[38] Martin A S, Nghiep D M, Paufler P K. The Electroplastic Effect in V3Si[J]. Scripta Metallurgica, 1980 14(10): 1041-1045.

[39] Stolyarov V V. Electroplastic Effect in Nanostructured Titanium Alloys[J]. Reviews on Advanced Materials Science, 2010, 31(2) :163-166.

[40] Mai Jianming, Peng Linfa, Li Zhongqin. Experimental Study of Electrical Resistivity and Flow Stress of Stainless Steel 316L in Electroplastic Deformation[J]. Materials Science and Engineering A, 2011, 528(11) :3539-3544.

[41] Stolyarov V V. Features of Electroplastic Deformation and Electropulse Treatment for TiNi Alloys[J]. Materials Science Forum, 2013, 738: 297-300.

[42] Kinsey B, Cullen G, Jordan A. Investigation of Electroplastic Effect at High Deformation Rates for 304SS and Ti-6Al-4V[J]. CIRP Annals-manufacturing Technology, 2013, 62(1) :279-282.

[43] Zhu Rufei, Tang Guoyi, Shi Sanqiang. Effect of Electroplastic Rolling on Deformability and Oxidation of NiTiNb Shape Memory Alloy[J]. Journal of Materials Processing Technology, 2013, 213(1) :30-35.

[44] Liu Yang, Wang Lei, Feng Fei. Effect of Pulse Current on Tensile Deformation Behavior of IN718 Alloy[J]. Advanced Materials Research, 2012, 509: 56-63.

[45] 周本濂. 材料制备中的非平衡过程[J]. 材料研究学报，1997，11（6）：576-584.

[46] 郑明新，朱永华，唐国翌，等. 关于电塑性拔丝和其结构演变的讨论[J]. 清华大学学报，1998，38（2）：28-32.

[47] 唐国翌，郑明新，朱永华，等. 电塑性加工技术及其工程应用[J]. 钢铁，1998，33（9）：35-37，30.

[48] 唐国翌，郑明新，朱永华，等. 奥氏体不锈钢丝的电塑性拔制[J]. 金属制品，1997，23（1）：6-9.

[49] 张锦，唐国翌，闫允杰，等. 电塑性加工对 17-6Mn 冷拔不锈钢丝的拔制应力和性能的影响[J]. 清华大学学报，2000，40（10）：19-33.

[50] 姚可夫，雨篷，郑明新，等. HOCr17Ni6Mn3 钢丝电塑性拉拔的研究[J]. 金属学报，2000，36（6）：630-633.

[51] Yao Kefu， Wang Jun， Zheng Mingxin. A Research on Electroplastic effect in Wire-drawing Process of an Austenitic Stainless Stell[J]. Scripta Materialia，2001，45：533-539.

[52] 刘志义，刘兵，邓小铁，等. 脉冲电流对 2091Al-Li 合金超塑性及断裂行为的影响[J]. 金属学报，1993，29（2）：89-92.

[53] 刘志义，崔建忠，尹立新，等. 2091Al-Li 合金的电致超塑性[J]. 中国有色金属学报，1993，3（4）：68-71.

[54] 李尧，杨贤镛，陈洪，等. 脉冲电流对 Zn-22% Al 合金超塑力学行为的影响[J]. 湖北工学院学报，1995，10（1）：1-4.

[55] 董晓华，李尧. 金属的电致塑性和电致超塑性效应[J]. 湖北工学院学报，1996，11（4）：1-5.

[56] 李淼泉，吴诗惇. LY12CZ 铝合金在强电场中的超塑性变形[J]. 塑性工程学报，1996，9（3）：41-46.

[57] 李淼泉，吴诗惇. LY12CZ 铝合金超塑性变形时的电场效应[J]. 金属学报，1995，31（6）：272-275.

[58] 刘渤然，张彩碚，赖祖涵. 在脉冲电流作用下 Al-Li-Cu-Mg-Zr 合金的超塑形变. 材料研究学报，1999，8（4）：385-389.

[59] 刘渤然，张彩碚，赖祖涵. 冷轧态 AI-Li-Cu-Mg-Zr 合金在脉冲电流作用下超塑形变中的位错形态[J]. 材料研究学报，1999，14（2）：218-220.

[60] 侯东芳，董晓华，李尧，等. 电流对金属超塑性变形中晶内位错形态的影响[J]. 三峡大学学报，2002，58（4）：348-350.

[61] 董晓华，侯东芳，李尧. 直流脉冲电流对 7475 铝合金超塑性变形中位错运动的影响[J]. 机械工程材料，2005，29（2）：17-20.

[62] 董晓华，侯东芳，李尧. 7475 铝合金电致超塑性效应中位错运动的动力学分析[J]. 金属成型工艺，2004，22（1）：37-40.

[63] 李世春. Zn-5Al 合金反常的电塑性效应[J]. 材料研究学报，1998，6（3）：314-316.

[64] 周亦胄，周本濂，郭晓楠，等. 脉冲电流对 45 钢损伤恢复的作用[J]. 材料研究学报，2000，14（1）：43-45.

[65] 周亦胄，肖素红，甘阳，等. 脉冲电流作用下碳钢淬火裂纹的愈合[J]. 金属学报，2000，36（1）：29-36.

[66] 周亦胄，罗申，贲昊喜，等. 在脉冲电流作用下钢裂纹的愈合[J]. 材料研究学报，2003，17（2）：169-172.

[67] 吕宝臣，周亦胄，王宝全，等. 脉冲电流对疲劳后 30CrMnSiA 钢组织结构的影响[J]. 材料研究学报，2003，17（1）：15-18.

[68] 王景鹏，贺笑春，王宝全，等. 脉冲电流作用下 40Cr 钢淬火残余应力的消除[J]. 材料研究学报，2007，21（1）：41- 44.

[69] 解焕阳，董湘怀，方林强. 电塑性效应及在塑性成形中的应用新进展[J]. 上海交通大学学报，2012，46（7）：1059-1062.

[70] 阎峰云，黄旺，杨群英，等. 电塑性加工技术的研究与应用进展[J]. 新技术新工艺，2010（6）：59-62.

[71] Troitskii O A, Spitsyn V I, Sokolov N V. Application of High-Density Current in Plastic Working of Metals Stress[J]. Physica Status Solidi (A) Applied Research, 1979, 52(1): 85-93.

[72] Stashenko V I, Troitskii O A, Novikova N N. Electroplastic Drawing of a Cast-iron Wire[J]. Journal of Machinery Manufacture and Reliability, 2009, 38(2): 182-184.

[73] Stashenko V I, Troitskii O A, Novikova N N. Electroplastic Drawing Medium-Carbon Steel[J]. Journal of Machinery Manufacture and Reliability, 2009, 38(4): 369-372.

[74] Stolyarov V V. Deformability and Nanostructuring of TiNi Shape-memory Alloys during Electroplastic Drawing[J]. Materials Science and Engineering A, 2009, 503(1): 18-20.

[75] Tang Guoyi, Zhang Jin, Zheng Minxin. Experimental Study of Electroplastic Effect on Stainless Steel Wire 304L[J]. Materials Science and Engineering A, 2000, 281: 263–267.

[76] Tang Guoyi, Zheng Minxin, Zhu Yonghua. Application of the Electro-Plastic

Technique in the Cold-Drawing of Steel Wires[J]. Journal of Materials Processing Technology, 1998, 84(1): 268-270.

[77] Yao Kefu, Wang Jun, Zheng Mingxin. A Research on Electroplastic Effect in Wire-drawing Process of an Austenitic Stainless Steel[J]. Scripta Materialia, 2001, 45: 533-539.

[78] 余鹏. 脉冲电流对 H0Cr176Ni6Mn3 焊丝拉拔行为影响的实验研究[D]. 北京：清华大学，2000：23-42.

[79] Tang Guoyi, Zhang Jin, Yan Yunjie. The Engineering Application of the Electroplastic Effect in the Cold-Drawing of Stainless Steel Wire[J]. Journal of Materials Processing Technology, 2003, 137: 96-99.

[80] Zhang Jin, Tang Guoyi, Yan Yunjie. Effect of Current Pulses on the Drawing Stress and Properties of Cr17Ni6Mn3 and 4J42 Alloys in the Cold-drawing Process[J]. Journal of Materials Processing Technology, 2002, 120: 13-16.

[81] 李窘，方威，唐国翌，等. 精密合金 3J53 钢丝的电塑性拔丝研究[J]. 金属制品，1999，25（5）：14-16.

[82] Troitskii O A. Instrumental Effects in Investigations of Electroplastic Deformation[J]. Industrial Laboratory, 1984 50(1): 87-89.

[83] Zhu Rufei, Tang Guoyi, Shi Sanqiang. Effect of Electroplastic Rolling on Deformability and Oxidation of NiTiNb Shape Memory Alloy[J]. Journal of Materials Processing Technology, 2013, 213(1):30-35.

[84] Zhu Rufei, Tang Guoyi, Shi Sanqiang. Effect of electroplastic rolling on the ductility and superelasticity of TiNi shape memory alloy[J]. Materials and Design, 2013, 44: 606-611.

[85] Potapova A A, Stolyarov V V. Deformability and Shape Memory Properties in Ti50.0Ni50.0 Rolled with Electric Current[J]. Materials Science Forum, 2013, 738: 383-387.

[86] Stolyarov V V. Features of Deformation Behavior at Rolling and Tension under Current in Tini Alloy[J]. Reviews on Advanced Materials Science, 2010, 25(2): 194-202.

[87] Lu Yongjin, Qu Timing, Zeng Pan. The Influence of Electroplastic Rolling on the Mechanical Deformation and Phase Evolution of Bi-2223/Ag Tapes[J]. Journal of Materials Science, 2010, 45(13): 3514-3519.

[88] Potapova A A, Stolyarov V V. Deformability and Structural Features of Shape Memory TiNi Alloys Processed by Rolling with Current[J]. Materials Science and Engineering A, 2013, 579: 114-117.

[89] Wang Shaonan, Tang Guoyi, Xu Zhuohui. Corrosion Behavior of the Electroplastic Rolled AZ31 Magnesium Alloy in Simulated Sea Water[J]. Material Science and Technology, 2010, 18(3): 339-343.

[90] 王少楠. 电脉冲对 AZ31 镁合金冲压性能和腐蚀性能的影响[D]. 北京：清华大学，2009：23-25.

[91] 方林强. 电塑性滚压包边工艺研究[D]. 上海：上海交通大学，2012：18-32.

[92] Baranov S A, Staschenko V I, Sukhov A V. Electroplastic metal cutting[J]. Russian Electrical Engineering, 2011, 82(9): 477-479.

[93] Conrad H. Thermally Activated Plastic Flow of Metals and Ceramics with an Electric Filed or Current[J]. Materials Science and Engineering A, 2002, 322(6): 100-107.

[94] Troitskii O A. The Electonic Wind in Metals[J]. Tyazheloe Mashinostroenie, 2003, 2: 30-34.

[95] Molotskii M, Fleurov V. Magnetic Effect in Electroplasticity of Metals[J]. Physical Review B, 1995, 52(22): 15829-15834.

[96] 郑明新，朱永华，唐国翌，等. 关于电塑性拔丝和结构演变的讨论[J]. 清华大学学报，1998，38（2）：28-32.

[97] 唐国翌，郑明新，朱永华，等. 奥氏体不锈钢丝的电塑性拔制[J]. 金属制品，1997，23（1）：6-9.

[98] Salandro A W, Bunget C, Mears L. Several Factors Affecting the Electroplastic Effect During an Electrically-assisted Forming Process[J]. Journal of Manufacturing Science and Engineering, 2011, 133(6): 56-62.

[99] 冯端. 金属物理学（第三卷）[M]. 北京：科学出版社，1999：362-372.

[100]赵敬世. 位错理论基础[M]. 北京：国防工业出版社，1989：130-139.

[101] Conrad H. Thermally Activated Deformation of Metals[J]. Journal of Metals, 1964 (7):582-588.

[102] Yaroshevich V, Ryvkina D. Thermal-activation Nature of Plastic Deformation in Metals[J]. Fiz Tverd Tela, 1970, 24(3): 464-477.

[103] Conrad H. The athermal component of the flow stress in crystalline solids[J]. Materials Science and Engineering A, 1970 (6): 265-273.

[104] П. И.波卢欣. 金属与合金的塑性变形抗力[M]. 林治平，译. 北京：机械工业出版社，1984：341-344.

[105] 王晓敏. 新编电学基础[M]. 北京：科学出版社，2011：231-248.

[106] 于正兴. 电学[M]. 上海：上海科学技术出版社，2009：128-203.

[107] 弗里埃德尔. 位错[M]. 王熠，译. 北京：科学出版社，1980：149-150.

[108] 张永德. 量子力学[M]. 北京：科学出版社，2009：132-144.

[109] 田莳. 材料物理性能[M]. 北京：北京航空航天大学出版社，2009：95-112.

[110] 韦丹. 固体物理[M]. 北京：清华大学出版社，2003：101-109.

[111] 黄昆. 固体物理学[M]. 北京：高等教育出版社，2000：173-181.

[112] 莫特，马塞. 原子碰撞理论[M]. 赵恒忠，译. 北京：科学出版社，1960：223-230.

[113] 阿隆索. 大学物理学基础（第三卷）[M]. 梁宝洪，译. 北京：人民教育出版社，2011：285-293.

[114] 郭伟国. 金属的塑性流动行为及其本构关系研究[D]. 西安：西北工业大学，2007：54-68.

[115] 陈忠伟，胡锐，李金山，等. FCC 晶体结构多晶铜的动态本构方程参数确定[J]. 西北工业大学学报，2004，22（6）：700-704.

[116] 邵志芳，戴铁军，那顺桑，等. 30MnSiV 钢变形阻力的实验研究[J]. 河北理工学院学报，2002，24（2）：11-15.

[117] 孙正波. 应用数理统计[M]. 长沙：国防科技大学出版社，2011：233-241.

[118] 师义民. 数理统计[M]. 北京：科学出版社，2009：173-175.

[119] 杨蕴林，陈英国，董企铭，等. 在普通拉伸实验机上实现恒应变速率变形的方法[J]. 洛阳工学院学报，1985（7）：57-64.

[120] 林兆荣. 金属塑性成形原理与应用[M]. 南京：航空工业出版社，1990：120-124.

[121] 汪大年. 金属塑性成形原理[M]. 北京：机械工业出版社，1986：108-109.

[122] 王祖唐. 金属塑性成形理论[M]. 北京：机械工业出版社，1989：92-94.

[123] 徐效谦，明绍芬. 特殊钢钢丝[M]. 北京：冶金工业出版社，2005：16-18.

[124] 曹乃光. 金属塑性加工原理[M]. 北京：冶金工业出版社，1986：176-177.

[125] 刘周同. 电塑性拔丝加电装置设计的理论分析及数值模拟[D]. 秦皇岛：燕山大学，2012：56-63.

[126] 茹铮，余望，阮煦寰. 塑性加工摩擦学[M]. 北京：科学出版社，1992：132-139.

[127] 翟文杰，齐毓霖，陈仁际. 电压对金属摩擦力的影响及机理分析[J]. 材料保护，1995（11）：32-34.

[128] 陈仁际，翟文杰，齐毓霖. 用外加电压控制摩擦力的机理与技术[J]. 摩擦学学报，1996，16（3）：235-238.

[129] 王飞. 电致塑性异步轧制对镁合金力学性能和显微组织的影响[D]. 北京：清华大学，2014.

[130] 官磊. 电致塑性轧制 AZ31 镁合金的变形机制及其组织和性能研究[D]. 北京：清华大学，2013.

[131] 王岩. 钛合金条带电塑性轧制严重塑性变形及组织性能调控[D]. 秦皇岛：燕山大学，2018.

[132] Sprecher A F, Mannan S L, Conrad H. On the Mechanisms for the Electroplastic Effect in Metals[J]. Acta Metall, 1986 (34): 1145-1162.